지금 하자! 개념 수학 3 도형

강미선 지음 | 민은정 그림

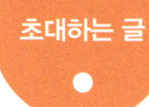

10년 공부의 기초를 다지는 개념 수학

왜 수학은 갈수록 어려워질까?

여러분, 안녕하세요? 저는 강미선이라고 해요. 여러분과 만나서 정말 반갑습니다. 초등학교 때, 특히 저학년 때는 많은 학생이 수학을 좋아하죠. 하지만 중학교, 고등학교에 다니는 학생들 가운데는 수학을 좋아하는 사람이 많지 않습니다. 그 학생들도 초등학교 때까지는 여러분만큼이나 수학을 좋아했는데 말이에요. 혹시 수학과 관련해 좋지 않은 경험이라도 한 것일까요?

  이 책을 읽는 여러분 가운데도 3학년 때까지는 수학을 제법 잘했는데, 4학년 1학기 시험 점수가 뚝 떨어진 사람이 분명히 있을 겁니다. 어떤 대학생이 있는데, 그 학생도 초등학교 3학년 때까지는 100점만 받아서 수학이 가장 쉽다고 생각했대요. 그런데 4, 5학년에 올라가자 아무리 열심히 해도 계속 어려워지기만 하더랍니다.

어떤 중학생은 중학교 수학이 초등학교 수학이랑 전혀 다른 과목처럼 느껴지더래요. 중학교 2학년 2학기부터는 수학에 거의 손을 댈 수가 없어서 '나는 수학에 소질이 없나 보다.' 하고 생각했대요.

또 다른 학생은 어려서부터 줄곧 수학을 무척 잘했어요. 그런데 그게 다였어요. 고등학교에 입학한 뒤부터는 수학이 지긋지긋해서 쳐다보기도 싫더랍니다.

'왜 이런 일이 생기는 걸까, 왜 학년이 올라갈수록 많은 학생이 수학을 어려워하거나 수학에 흥미를 잃는 걸까?' 저는 학생들을 가르치면서 오래도록 이 문제를 고민하고 연구했어요. 제가 내린 결론은, 그 학생들이 수학을 처음 배운 초등학교 때 수학 개념을 터득하기보다는 문제 풀이 연습만 했기 때문이라는 것이었어요.

예를 들어 분수 단원을 처음 배운다고 해 보죠. 분수가 뭔지, 왜 사람들이 분수라는 것을 만들었는지, 분수를 알면 생활에 어떤 도움이 되는지, 분수의 곱셈은 왜 이렇게 하는지……. 궁금한 것, 알아야 할 것이 참 많습니다. 그런데 그런 궁금증을 해결하지 못하고 그저 분수 문제만 푼 것이죠.

그러다 보니 처음에는 아주 간단하고 쉬웠던 것이 뒤로 갈수록 복잡하게 느껴지면서 헷갈리는 거예요. 왜 배우는지, 왜 그런지도 모르면서 기계처럼 문제를 풀고 또 풀다 보니 수학 공부가 어렵고, 싫고, 지겨워지는 건 어쩌면 당연한 일이랍니다.

개념을 알면 수학이 즐겁다

물론 초등학교 때부터 대학생이 될 때까지 계속 수학을 잘하고, 사회에 나가서는 수학적 사고와 기술이 필요한 분야에서 능력을 발휘하며 살아가는 사람들도 아주 많습니다. 그 사람들은 자신이 수학을 즐기며 잘할 수 있었던 이유가, 어려서부터 수학의 개념을 확실히 알아 가며 공부했기 때문이라고 해요. 생각을 깊게 하고 새로 배우는 개념을 차근차근 이해하면서 공부하니까 갈수록 수학이 쉬워졌답니다.

여러분, 수학이 갈수록 어려워지는 이유는 여러분이 수학에 소질이 없기 때문이 결코 아니에요! 그동안 100문제를 풀어야 겨우 한 가지 개념을 알게 되는 방법으로 수학 공부를 했기 때문이에요. 수학은 하나의 개념을 가지고 100가지 문제를 풀어내는 방법으로 공부해야 학년이 올라갈수록 잘할 수 있습니다. 또, 수학의 본모습은 문제 풀이가 아니라 깊이 생각하는 힘을 기르는 것이랍니다. 이런 힘을 '수학적 사고력'이라고 부르죠.

저는 여러분에게 수학이 본래 매우 흥미로운 공부라는 사실을 알려 주고, 오래도록 수학을 즐겁게 잘할 수 있는 튼튼한 디딤돌을 놓아 주고 싶어서 이 책을 썼습니다. 그 디딤돌이란 바로 수학의 기초 개념이에요. 개념이라는 말이 좀 어렵지만, 간단히 말하면 수학을 잘할 수 있도록 돕는 기초 지식과 아이디어 같은 것이에요. 처음 배우는 개념을 확실히 알면 이어지는 다른 개념들도 덩달아 알 수 있기 때문에, 개념을 잘 알면 수학이 쉬워집니다.

《지금 하자! 개념 수학》은 스토리텔링 수학의 붐을 일으킨 《행복한 수학 초등학교》의 내용을 더하고 고친 개정판으로, 여러분의 수학적 힘을 키워 주고, 학년이 올라갈수록 수학이 쉬워지는 행복한 경험을 하게 해 줄 거예요. 이 책을 꼼꼼히 읽으면서 수학의 기초를 닦고, 생각하는 힘도 길러 보세요.

여러분의 행복한 미래를 여는 데 이 책이 길잡이가 되기를 간절히 바랍니다.

2016년 11월
강미선

책의 구성

'지금 하자! 개념 수학' 시리즈는 초등학교부터 고등학교까지 배우는
수학의 전체 영역 가운데서 기본이 되는 것을 체계적으로 정리한 책입니다.

> 이 시리즈는 모두 4권으로 구성되어 있어요.

> 수, 연산, 도형, 측정·함수 편이죠.

> 각 권에는 10개의 장이, 각 장에는 5개의 코너가 있습니다.

스토리텔링 수학

평소 별 생각 없이 스쳐 지나던 순간에서
수학적인 것을 발견하고
멈추어 생각해 보는 코너

학교에서 배운 것을 생활 속에서
다시 깊이 생각해 보는 습관이 몸에 배면
수학도 절로 잘하게 돼요.

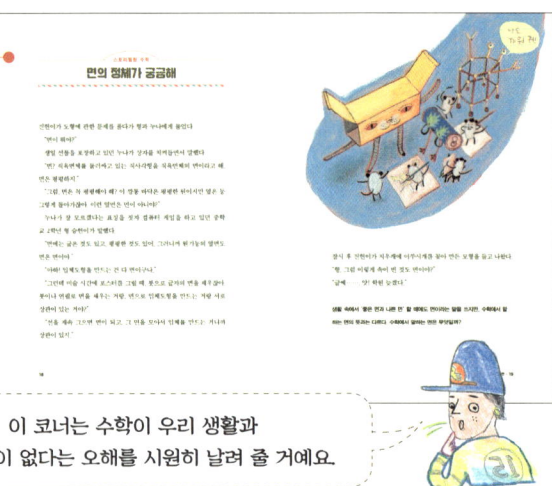

> 이 코너는 수학이 우리 생활과
> 별 관련이 없다는 오해를 시원히 날려 줄 거예요.

개념과 원리

하나의 수학 개념에도
다양한 의미가 있다는 것을 알아 가는 코너

수학의 개념은 서로 연결되어 있어요.
덧셈, 곱셈, 나눗셈, 분수는 물론 수와 도형,
측정도 다 연결되어 있죠.

> 중학교, 고등학교 가서도 흔들리지 않도록
> 처음 배울 때 개념을 정확히 알아 두어야 해요.

창의 융합 사고력

수학 개념이 다른 교과목에서는
어떻게 쓰이는지를 익히는 코너

수학이 체육, 음악, 미술, 과학, 사회 과목에서
어떻게 쓰이는지 알 수 있어요.

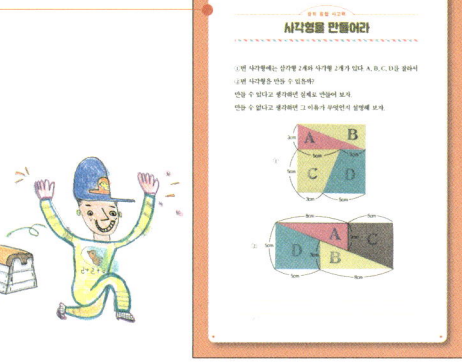

> 실제 생활에서 쓰이는 수학 개념을 만나며
> 수학 배우는 이유를 찾을 수 있어요.

톡톡 수학 게임

즐거운 수학 놀이를 할 수 있는 코너

혼자서 공부하면 금방 지루해지죠?
그럴 때 가족, 친구들과 재미있는
게임도 하고 퍼즐도 풀어 보세요.

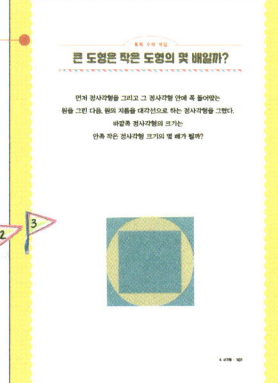

> 수학 게임을 하다 보면
> 창의력과 상상력을 기를 수 있어요.

역사 속 수학

수학 개념의 뿌리를 찾아가는 코너

누가 처음 수학 개념을 만들었는지,
수학 개념은 어떻게 발전해 왔는지를
알아볼 수 있어요.

> 수학이 단순히 기호와 공식을 이용한
> 문제 풀이가 아니라 문화와 삶의 산물이고
> 인류의 문명에도 기여했음을 알 수 있어요.

책의 활용법

'지금 하자! 개념 수학' 시리즈는
영역별로 연결해서 공부할 수 있도록 구성되어 있어요.
이 책은 어떻게 활용하는 게 효과적일까요?

1 복습용 초등학교 수학을 총 정리하고 싶을 때

중학교 입학을 앞둔 6학년 학생

초등학교에서 지금까지 배운 수학을 총 정리할 수 있어요. 중학교 수학이 훨씬 쉬워지겠죠?

술술 읽으며 그동안 배운 수학 개념의 핵심을 단기간에 되짚어 보아요. 어려운 문제를 잔뜩 풀어야 하는 거랑은 달라요.

- **공부 시기**   초등학교 6학년 여름 방학

- **공부 방법 1**   총 40개 단원을 하루에 1단원씩 읽기

- **공부 방법 2**   일주일에 1권씩 읽기

- **공부 방법 3**   하루에 1권씩 읽기

예습용 어렵고 싫어하는 단원을 예습하고 싶을 때

수학에 자신감이 떨어진 수포자 학생

어렵고 싫어하는 단원 때문에 수학에 손을 놓았었는데 이 책으로는 취약한 수학 영역을 집중해서 공부할 수 있어요.

재미있는 스토리와 자세한 설명이 있어서 교과서로 볼 때 몰랐던 개념을 알게 되고 수학의 모든 영역에 골고루 흥미가 생겨요.

- **공부 시기** 학기 중에 교과서에서 새 단원이 시작될 때
- **공부 방법** 교과서 단원과 관련된 권을 골라 하루에 1단원씩 읽기

교과서 병행용 학교에서 배운 단원을 좀 더 알고 싶을 때

수학을 꼼꼼히 알고 싶은 전 학년 학생

한꺼번에 이 책을 다 읽기 부담스러우면 교과서 곁에 늘 두고 관련 단원별로 찾아서 그때그때 읽어요.

숨어 있는 수학의 개념을 차곡차곡 꼼꼼히 쌓기에 좋아요.

- **공부 시기** 오늘 배운 단원을 더 공부하고 싶을 때
- **공부 방법** 책의 맨 뒤에 있는 수학 개념 연결 트리를 확인하고 학교에서 배운 단원을 찾아서 읽기

차례

초대하는 글 — 4
책의 구성 — 8
책의 활용법 — 10

1 ———— 면

스토리텔링 수학	면의 정체가 궁금해	18
개념과 원리	면이란 무엇일까?	20
창의 융합 사고력	면을 분류하라	25
역사 속 수학	차원이란 무엇일까?	26

2 ———— 선

스토리텔링 수학	모서리에 앉는다고?	30
개념과 원리	모서리, 변, 선분, 직선, 그리고 평행선	32
창의 융합 사고력	수평과 평행선의 관계는?	39
역사 속 수학	비유클리드 기하학	40

3 — 각

스토리텔링 수학	모난 돌이 정 맞는다?	44
개념과 원리	각이란 무엇일까?	46
창의 융합 사고력	날짜와 시간을 원 안에 그린 이유는?	53
역사 속 수학	한 바퀴는 왜 360°일까?	54

4 — 다각형

스토리텔링 수학	이상한 도형	58
개념과 원리	다각형이란 무엇일까?	60
창의 융합 사고력	똑같이 그리는 데 필요한 도구는?	69
역사 속 수학	최초의 수학 수업	70

5 — 삼각형

스토리텔링 수학	치즈와 샌드위치	74
개념과 원리	다각형의 기본, 삼각형	76
창의 융합 사고력	높이는 얼마일까?	85
역사 속 수학	구고현의 정리와 피타고라스 정리	86

6 ───── 사각형

스토리텔링 수학	움직이는 옷걸이의 비밀	90
개념과 원리	여러 가지 사각형	92
창의 융합 사고력	사각형을 만들어라	100
톡톡 수학 게임	큰 도형은 작은 도형의 몇 배일까?	101
역사 속 수학	페르시아의 수학자, 오마르 카얌	102

7 ───── 다면체

스토리텔링 수학	'상자'와 '상자 모양'의 차이	106
개념과 원리	입체도형과 다면체	108
창의 융합 사고력	마이산의 평면도를 그려라	121
역사 속 수학	기하학과 유클리드	122

8 ───── 원

스토리텔링 수학	피자와 훌라후프의 차이	126
개념과 원리	원이란 무엇일까?	128
창의 융합 사고력	얼굴 무늬 수막새를 복원하라	139
역사 속 수학	원주율의 역사	140

9 — 회전체

스토리텔링 수학	종이컵을 펼쳐 놓으면?	144
개념과 원리	회전체란 무엇일까?	146
창의 융합 사고력	회전체를 만드는 방법은?	153
역사 속 수학	자와 컴퍼스, 그리고 원뿔곡선	154

10 — 도형과 계산

스토리텔링 수학	삼각형에는 점이 몇 개 있을까?	158
개념과 원리	계산과 도형의 연결	160
창의 융합 사고력	핀이 몇 개 더 필요할까?	167
역사 속 수학	도형과 수를 연결한 데카르트	168

정답 및 해설 - 170

수학 개념 연결 트리 - 178

Children, Boys and Men.
Boys' Jacket, with Vest.
Ages, 6 to 10 years.
5 sizes: 25 cents each.
Boys' Slashed Jacket.
Ages, 4 to 10 years.
7 sizes: 30 cents each.
Boys' Sailor Jacket.
ARSENIC
Use J. & P. COATS BLACK THREAD
MUSTARD
QUEEN
Mustard
DOUBLE SUPERFINE
MANUFACTURED IN ENGLAND
BULL'S HEAD
Table
Herring's
GOODS
WIFE CANNOT SEE IT AND PAY
BY MAIL
HOW YOU DO FREIGHT
Boys' Jacket.
Boys' Slashed Jacket.

스토리텔링 수학
면의 정체가 궁금해

진헌이가 도형에 관한 문제를 풀다가 형과 누나에게 물었다.

"면이 뭐야?"

생일 선물을 포장하고 있던 누나가 상자를 치켜들면서 말했다.

"면? 직육면체를 둘러싸고 있는 직사각형을 직육면체의 면이라고 해. 면은 평평하지."

"그럼, 면은 꼭 평평해야 해? 이 깡통 바닥은 평평한 원이지만 옆은 둥그렇게 돌아가잖아. 이런 옆면은 면이 아니야?"

누나가 잘 모르겠다는 표정을 짓자 컴퓨터 게임을 하고 있던 중학교 2학년 형 승헌이가 말했다.

"면에는 굽은 것도 있고, 평평한 것도 있어. 그러니까 원기둥의 옆면도 면은 면이야."

"아하! 입체도형을 만드는 건 다 면이구나."

"그런데 미술 시간에 포스터를 그릴 때, 붓으로 글자의 면을 채우잖아. 붓이나 연필로 면을 채우는 거랑, 면으로 입체도형을 만드는 거랑 서로 상관이 있는 거야?"

"선을 계속 그으면 면이 되고, 그 면을 모아서 입체를 만드는 거니까 상관이 있지."

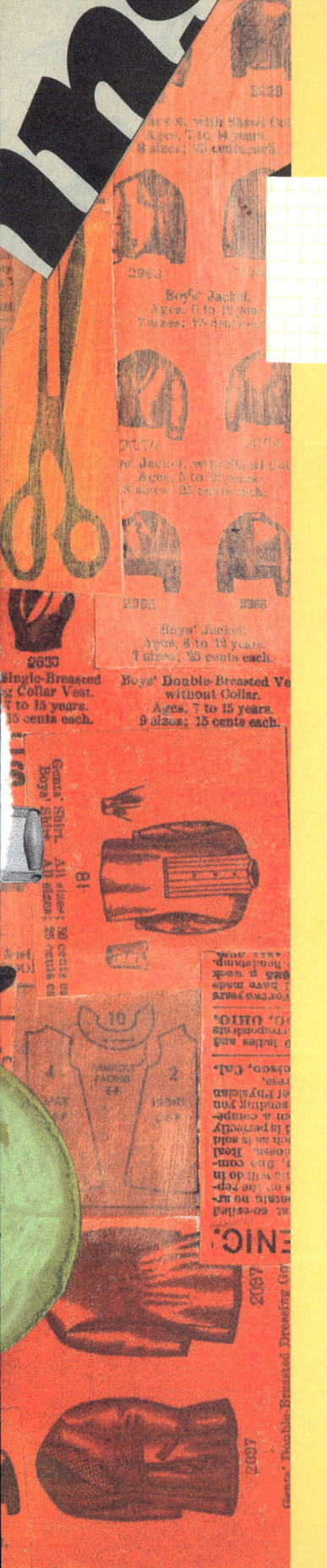

1 면

주사위로 도장 찍기 놀이를 해 보자. 눈이 1개인 곳부터 6개인 곳까지 차례로 도장을 찍으면, 종이에 모두 6개의 네모가 만들어진다. 주사위는 입체도형인 정육면체이고, 종이에 찍힌 것은 평면도형인 정사각형이다. 여기서 정육면체는 정사각형 6개로 둘러싸인 도형이라는 걸 알 수 있다. 이처럼 입체도형을 이루고 있는 것을 '면'이라고 한다. 면에는 평면과 곡면이 있다.

삼각뿔은 평면으로 둘러싸여 있고, 원기둥은 평면과 곡면으로 둘러싸여 있다.

초등 1-1	중학 1-2
여러 가지 모양 ▶	기본 도형

잠시 후 진헌이가 지우개에 이쑤시개를 꽂아 만든 모형을 들고 나왔다.
"형, 그럼 이렇게 속이 빈 것도 면이야?"
"글쎄……. 앗! 학원 늦겠다."

생활 속에서 '좋은 면과 나쁜 면' 할 때에도 면이라는 말을 쓰지만, 수학에서 말하는 면의 뜻과는 다르다. 수학에서 말하는 면은 무엇일까?

개념과 원리

면이란 무엇일까?

면의 세 가지 개념

입체도형을 이루는 면은 두께가 없고 모양만 있다. 마치 도장을 찍었을 때 나온 모양이나 그림자와 같다.

입체도형을 이루는 도형

여러 가지 물건의 겉 부분에 물감을 칠해서 평평한 바닥에 찍어 보자. 이처럼 면에는 평평한 것도 있고 구부러진 것도 있다. 평평한 부분은 그대로 찍고, 구부러진 곡면은 굴려서 찍어 보자.

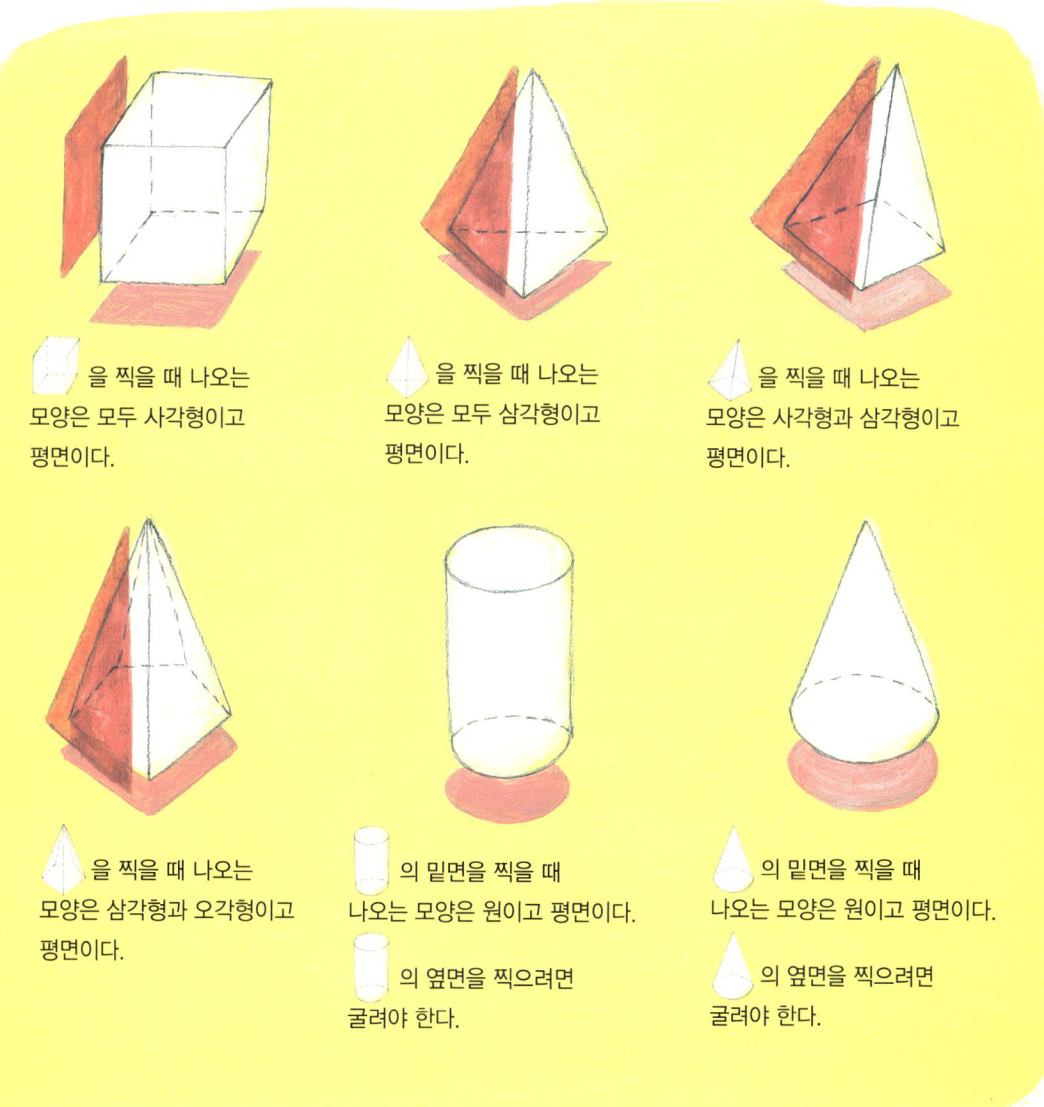

다음 도형은 속이 비어 있다. 하지만 이 입체를 만드는 도형이 사각형과 육각형이라는 것을 알 수 있다.

선이 움직인 자리

연필로 선을 계속 이어 가면서 그으면 면이 된다.

가느다랗고 얇은 대나무를 여러 가닥 계속 이으면 평평한 돗자리가 되고, 가느다란 실을 촘촘히 엮으면 옷감이 된다. 대나무나 실은 선과 같은데, 이런 선들이 모이고 모여 면이 된다.

연실을 감은 얼레는 원통 모양으로 둥글다. 이렇게 구부러진 면도 면이다. 평평한 면은 평면, 구부러진 면은 곡면이다.

선으로 둘러싸인 도형

선으로 둘러싸여 있어서 안과 밖이 구별되어 있으면 면이다.

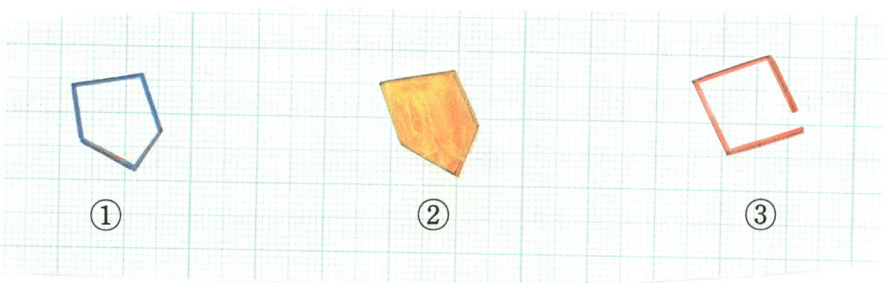

위 그림 중에서 ①과 ②가 면이고 ③은 면이 아니다.
③은 선으로 둘러싸인 도형이 아니기 때문에 면이 아니다.
다음 그림에는 노랑이나 빨강으로 색칠한 사각형도 있고, 색을 칠하지 않은 사각형도 있다. 이 사각형들도 안과 밖이 있으므로 면이라고 할 수 있다.

지금까지 알아본 것처럼 면에는 세 가지 개념이 있다.

면
1. 입체도형을 이루는 도형
2. 선이 움직인 자리
3. 선으로 둘러싸인 도형

면은 면이지만 그 개념이 한 가지가 아니라는 것을 알았다. 한 가지 용어라도 그것이 지닌 의미는 여러 가지일 수 있다. 처음에 배운 개념이 전부는 아니라는 사실을 알아 두자.

창의 융합 사고력
면을 분류하라

다음은 미술 교과서에 나오는 그림들이다. 면의 세 가지 개념에 따라 분류하고, 그렇게 분류한 이유를 설명해 보자.

- 입체도형을 이루는 도형

- 선이 움직인 자리

- 선으로 둘러싸인 도형

역사 속 수학
차원이란 무엇일까?

점 1차원

고대 그리스의 철학자이며 수학자인 피타고라스는 이렇게 말했다.

"한 점은 차원을 만들고, 두 점은 1차원(선)의 직선을 만들고, 세 점은 2차원(평면)의 삼각형을 만들고, 네 점은 3차원(입체)의 삼각뿔(사면체)을 만든다. 각 차원을 만든 수를 모두 더하면 1+2+3+4=10이 된다. 따라서 10은 우주의 수이다."

차원이란 무엇일까? 기차, 자동차, 비행기가 있다고 생각해 보자. 기차는 철로를 따라 한 줄로 움직인다. 이것이 1차원이다.

피타고라스

플림프톤 322
피타고라스 수가 적혀 있는 바빌로니아의 점토판이다.

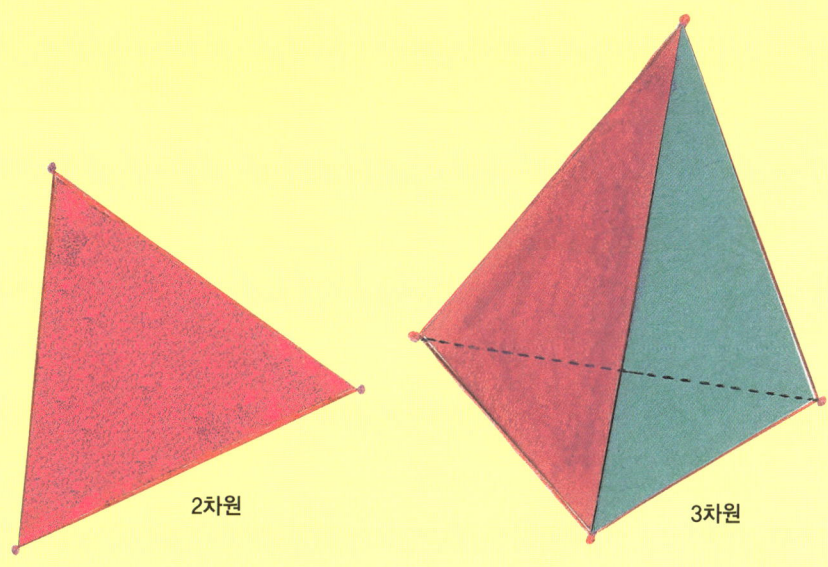

2차원　　　　　3차원

　이번에는 배를 생각해 보자. 배는 기차와 달리 방향을 바꿔 사방으로 움직일 수 있다. 앞으로 가거나 뒤로 갈 수 있을 뿐 아니라 오른쪽이나 왼쪽으로도 갈 수 있다. 하지만 배가 공중으로 올라가지는 못한다. 가로와 세로가 있지만 높이는 없는 것, 이것이 2차원이다.

　이제 비행기를 생각해 보자. 비행기는 이륙하기 전 활주로를 따라 움직인다. 이때는 전후좌우로 움직이다가 곧 하늘로 높이 올라간다. 비행기는 앞, 뒤, 옆으로는 물론, 위와 아래로도 자유롭게 움직일 수 있다. 가로, 세로, 높이가 있는 것, 이것이 3차원이다.

　우리는 3차원 공간에 살고 있기 때문에 3차원까지만 눈으로 직접 볼 수 있고, 4차원이나 5차원은 직접 볼 수 없다.

클라인 병
3차원에서 4차원으로 가는
상상 속의 도형

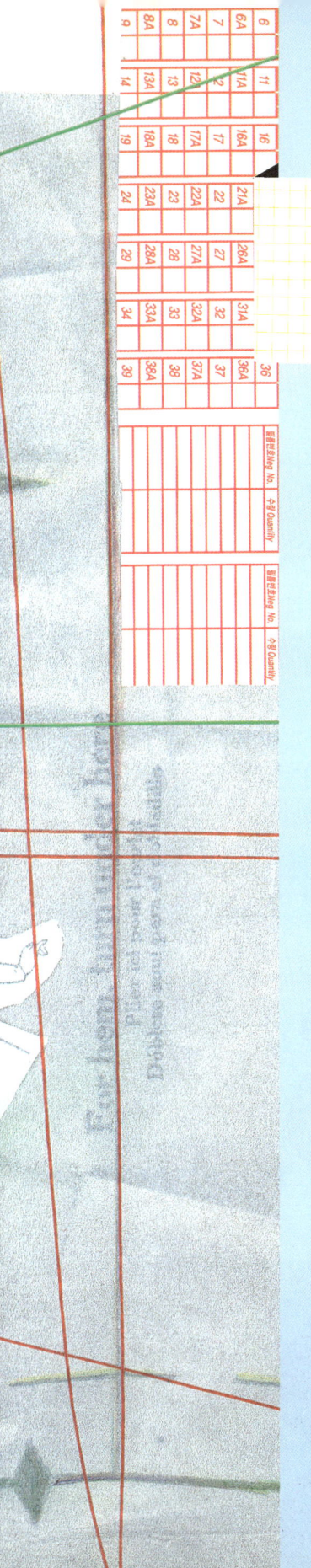

2 선

선은 수많은 점이 모여서 만들어진다.

선은 줄처럼 생겼지만 두께가 있는 줄과 달리 두께가 없다.

아무리 경험이 많고 뛰어난 목수라 해도 수학에서 말하는

직선을 그릴 수는 없다. 사람이 실제로 그은 직선은 간격과 두께가

완벽하게 일정할 수 없는데, 수학에서 다루는 직선은 머릿속으로

그린 완벽한 선이기 때문이다. 선에는 직선과 곡선이 있다.

초등 3-1	초등 4-2	초등 5-1
평면도형	여러 가지 사각형	직육면체

스토리텔링 수학

모서리에 앉는다고?

수학 시험지 문제를 읽고 있던 영은이가 문제가 이상하다며 번쩍 손을 들었다. 시험 문제는 이랬다.

정사각형 모양의 책상 2개를 나란히 붙여 놓았습니다. 한 모서리에 3명씩 앉으면 모두 몇 명이 앉을 수 있을까요?

"선생님, 말도 안 돼요. 어떻게 한 모서리에 3명이 앉을 수 있어요?"
그러자 짝꿍 선주가 기가 막히다는 표정을 지으며 말했다.
"왜 못 앉아? 따닥따닥 붙어 앉으면 4명도 앉을 수 있지."
"아무리 그래도 어떻게 모서리에 3명이 앉아? 너무 좁잖아!"
두 사람의 대화를 듣고 있던 선생님이 말씀하셨다.
"영은이와 선주가 생각하는 모서리가 서로 다른 것 같은데, 먼저 영은이가 칠판에 나와서 그려 볼까?"
반 아이들이 영은이를 향해 말한다.
"거기는 꼭짓점이지, 모서리가 아니잖아."

국어사전에서 '모서리'를 찾아보면 '물체의 모가 진 가장자리'라는 뜻과 '입체도형에서 면과 면이 만나는 선'이라는 두 가지 뜻이 있다. 영은이는 이 두 가지 뜻 가운데서 국어 시간에 배운 첫 번째 뜻, 가장자리만 생각한 것이다. 하지만 수학 시간에는 선주처럼 수학에서 정의한 두 번째 뜻, 모서리만 생각해야 한다.

개념과 원리

모서리, 변, 선분, 직선, 그리고 평행선

모서리

직육면체는 6개의 평면이 있는데, 평면과 평면이 서로 만나는 부분은 곧은 선이다. 다면체에서 평면과 평면이 만나는 곧은 선을 모서리라고 한다.

하지만 입체도형의 선이라고 해서 다 모서리는 아니다. 입체도형 중에는 옆면과 밑면이 서로 만나는 부분이 곡선인 도형도 있다. 이렇게 곡면과 평면이 만났을 때의 선은 모서리라고 하지 않는다.

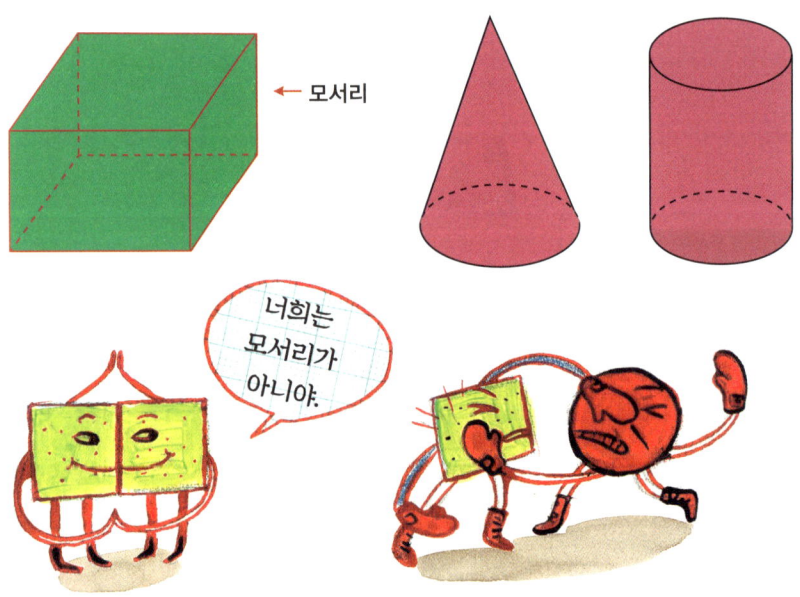

변

직육면체에는 면이 서로 만나서 생긴 12개의 모서리가 있다. 이 중에서 하나의 면만 따로 떼어 내 보자. 떼어 낸 면은 직사각형이다.

이 직사각형은 평면도형이고, 4개의 곧은 선으로 둘러싸여 있다. 이 곧은 선을 이 도형의 변이라고 한다. 원래의 입체도형에서는 모서리이지만, 평면도형으로 떼어 냈을 때는 '변'이 되는 것이다.

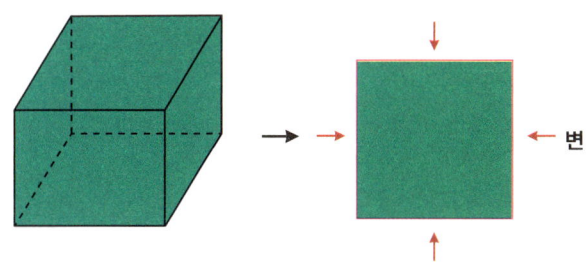

하지만 다음과 같이 곡선과 직선이 함께 있는 도형의 직선은 변이라고 하지 않는다. 평면도형을 이루는 직선이라고 해서 모두 변이라고는 하지 않는 것이다. 다각형을 이루는 곧은 선만 변이다.

선분

평면도형인 사각형을 이루는 한 변을 따로 떼어 냈다고 생각해 보자. 이 선은 곧으며, 끝없이 길게 뻗어 나가지 않고 끝이 있는 선이다. 이렇게 양 끝이 점으로 끝나는 곧은 선을 선분이라고 한다.

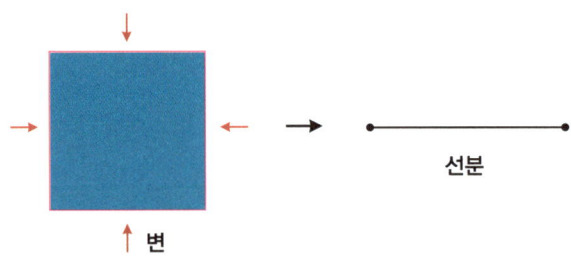

선분은 서로 떨어져 있는 두 점을 이은 선 중에서 가장 짧은 선이고, 두 점 사이의 거리를 선분의 길이라고 한다.

선분의 길이를 이등분하는 점을 중점이라고 한다. 중점은 선분의 양 끝에서 같은 거리에 있는 점이다.

직선과 반직선

한 점을 지나고, 양쪽으로 끝이 없는 곧은 선을 직선이라고 한다. 직선은 끝이 없기 때문에 얼마나 긴지 길이를 잴 수 없다.

한 점을 지나고 한쪽 방향으로만 이어지는 곧은 선은 반직선이라고 한다.

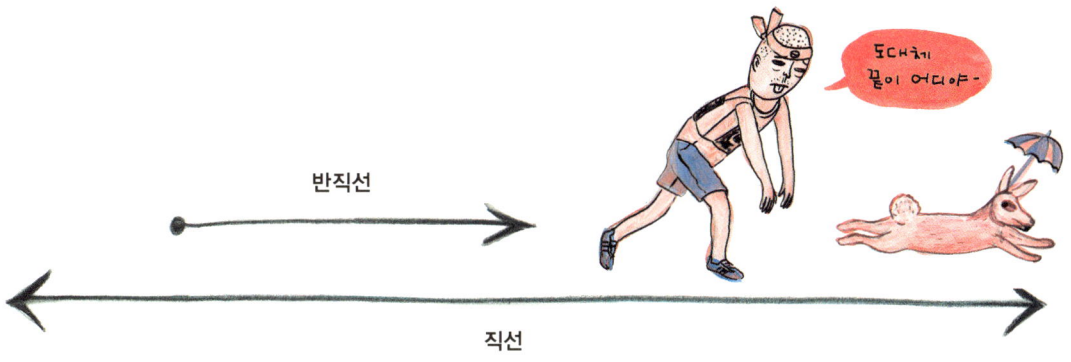

지금까지 모서리→ 변→ 선분→ 직선의 순서로 알아보았다.

이번에는 순서를 반대로 해서 생각해 보자. 직선의 조각이 선분이고, 선분끼리 이어 다각형을 이루면 '변'이며, 이 다각형들이 만나 다면체를 만들면 '모서리'이다.

결국 변과 모서리도 선분은 선분인데, 상황에 따라 그 이름이 달라지는 것이다.

평행선

한 평면 위에 있는 직선들이 서로 나란해서 영원히 만나지 않을 때, 이 직선들을 평행선이라고 한다.

평행선의 특징

1. 평행선은 직선이나 선분들 사이의 '관계'이다.

직선이 하나만 있을 때는 평행선이라는 말을 쓰지 않는다. 둘 이상의 직선이 서로 만나지 않을 때 이 직선들을 '평행선'이라고 한다.

2. 평행선은 한 평면 위에 있어야 한다.

평행선이 되려면 같은 평면 안에 있어야 한다. 고속도로의 교차로에는 위와 아래에 서로 다른 방향으로 어긋나는 도로들이 있다. 이 도로들이 서로 만나지 않는다고 해서 이런 선들을 평행선이라고 하지는 않는다. 이 도로들은 높이가 서로 달라서 한 평면 위에 있지 않기 때문이다.

3. 길이가 달라도 서로 평행하면 평행선이다.

길이가 서로 다른 선분이라도 평행하면 평행선이다.

길이가 다르면 언뜻 보아 평행인지 아닌지 알 수 없다. 이럴 때는 두 선분을 길게 이어 보면 평행인지 아닌지 쉽게 알 수 있다.

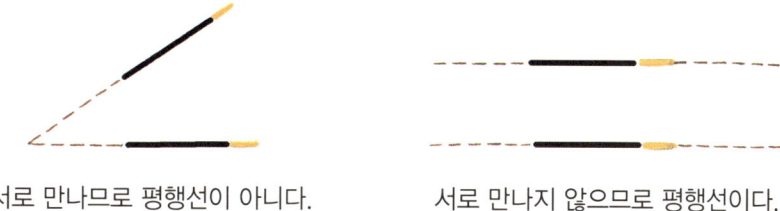

서로 만나므로 평행선이 아니다.   서로 만나지 않으므로 평행선이다.

그럼, 언제까지 이렇게 계속 이어야 하는 걸까?

평행선 알아보는 방법, 비례식

평행선인지 아닌지 좀 더 정확하게 알아보려면 비례식을 이용하면 된다. 다음 두 선분은 평행선일까, 아닐까?

투명한 모눈종이를 대고 선분의 가로, 세로 모눈 수를 세어서 비례식이 성립하는지 알아보자.

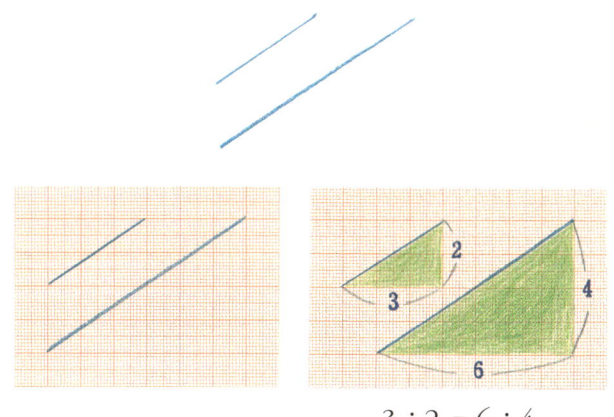

$$3 : 2 = 6 : 4$$

비례식이 성립하므로 이 두 선분은 서로 평행하다.

다음은 평행선일까, 아닐까?

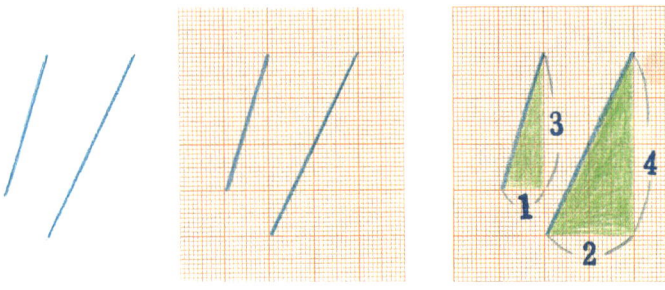

$1 : 3 \neq 2 : 4$

비례식이 성립하지 않으므로 두 선분은 평행선이 아니다.

비례식이 성립하려면 두 직선이 기울어진 정도가 같아야 하며, 기울어진 정도가 같으면 평행하기 때문에 비례식을 이용해서 두 선이 평행선인지를 정확히 알 수 있다.

그렇다면 평행선이 하나도 없는 세상은 어떨까? 책장 선반끼리 평행하지 않다면 꽂혀 있는 책은 이리저리 쏠릴 것이고, 책상이 방바닥과 평행하지 않아 기울어져 있다면 앉아서 공부하기도 어렵고 책상 위의 물건들이 바닥으로 쏟아질 것이다.

또 도로에서 자동차들이 평행하게 달리지 못한다면 사방에서 교통사고가 날 것이다. 이처럼 평행선이 없다면 우리가 살고 있는 세상은 이루 말할 수 없이 혼란스러울 것이다.

창의 융합 사고력

수평과 평행선의 관계는?

영빈이와 민수는 선생님의 다음과 같은 질문에 각각 다른 대답을 했다. 누구의 답이 옳은지, 또 왜 그렇게 생각하는지 이유를 밝혀 보자.

과학에서 배우는 수평과 수학에서 배우는 평행선은 서로 관계가 있을까, 없을까?

영빈 수평은 두 물체의 무게를 재기 위한 활동이지만, 평행선은 무게와 상관없습니다. 따라서 수평과 평행선은 전혀 관계가 없습니다.

민수 수평이 되는지 안 되는지 알려면 저울대가 바닥과 평행인지 아닌지부터 알아야 합니다. 수평을 알려면 먼저 평행에 대해 알고 있어야 하므로 수평과 평행은 관계가 있습니다.

역사 속 수학
비유클리드 기하학

> 한 직선과 그 직선 위에 있지 않은 한 점이 주어졌을 때 그 점을 지나고 그 직선과 만나지 않는 직선은 단 하나 있으며, 이것은 평행선이다.

유클리드 기하학에는 이 같은 내용이 나오는데, 이것을 '평행선의 공리'라고 한다. 공리란 증명 없이 참으로 받아들여지는 명제를 말한다. 그렇다면 '평행선의 공리'는 항상 참일까?

먼저 직선을 그린 뒤, 그 직선과 만나지 않는 점 하나를 찍자. 그러고 나서 평행한 직선을 그리자.

그런데 어떤 사람이 "연필을 아무리 가늘게 깎아도 심의 두께가 있기 때문에 두 직선이 정말 평행한지 눈으로 확인할 수 없다."고 했다. 또 다른 사람은 "두 직선이 절대 만나지 않는다는 것을 보이려면 직선을 영원히 늘여야 하는데 그것은 불가능하다."고 했다.

우리가 살고 있는 지구는 평면이 아니라 구이다. 지구는 둥글기 때문에 한 직선을 무한히 연장하면 결국 제자리로 돌아와 자기 자신과 만나게 된다. 그리고 지구 안에 있는 사람들이 직선이라고 생각하고 그려도 그 선을 지구 밖에서 보면 곡선이다.

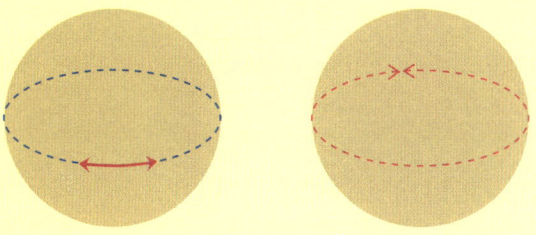

게다가 이 직선 밖에 있는 한 점을 지나고 이 직선과 만나지 않는 직선은 단 하나가 아니라 무수히 많다. 평면에서만 생각하면 유클리드의 말이 옳다. 유클리드는 오직 평평한 평면만 알고 있었던 것이다.

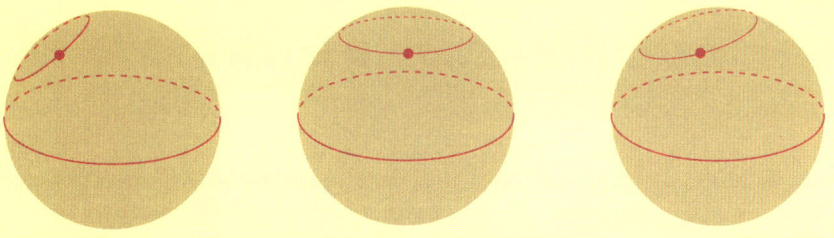

1733년 이탈리아 수학자 사케리(Girolamo Saccheri, 1667~1733)가 평행선의 공리를 증명하려고 노력했지만, 명쾌하게 밝히지 못했다. 그 후 100년 동안 여러 수학자가 연구를 계속했는데, 의외의 결과를 얻었다. 처음 직선과 평행한 직선이 하나뿐인 공간만 있는 게 아니었던 것이다. 이것을 '비유클리드 기하학'이라고 한다.

3 각

인류가 손가락과 발가락으로 간단한 셈을 하기 시작했던 것과

마찬가지로 도형의 가장 기본적인 개념들도 사람의 몸이

만들어 내는 모양을 관찰해서 얻어졌다.

각은 한 점에서 그은 두 직선으로 이루어진 도형을 말한다.

이러한 '각'도 팔꿈치와 무릎이 만들어 내는 팔다리의

모양에서 유래했다. 그래서 각을 만드는 한 변을 뜻하는 말과

사람의 다리를 가리키는 말을 같은 단어로 쓰는 나라가 많다.

초등 3-1	초등 4-1	중학 1-2
평면도형	각도	기본도형

스토리텔링 수학

모난 돌이 정 맞는다?

미술 시간에 모둠별로 '내가 살고 싶은 집 만들기'를 하기로 했다. 같은 모둠인 희경이와 유리, 진영이가 모여 어떤 모양의 집을 만들지 의견을 나눴다.

"해저 도시는 어떨까? 바닷속은 은박지로 꾸미면 예쁠 것 같아."

희경이가 말하자 진영이는 못마땅하다는 표정을 지으며 말했다.

"해저 도시는 준비물이 너무 많아."

"그럼, 동화 속 집은 어때? 만들고 나면 근사할 거야."

이번에도 진영이는 마음에 들지 않는다는 듯 말했다.

"동화라고? 너무 유치하지 않니?"

희경이는 화가 났지만 간신히 참으며 말했다.

"그럼, 네가 만들고 싶은 것은 뭔데?"

"그냥…… 오두막이나 만들자."

진영이의 말에 유리가 고개를 끄덕였다.

"그럼, 그러지 뭐."

이때 희경이네 모둠을 지켜보던 승준이가 효민이에게 말했다.

"진영이 쟤는 얼굴도 각이 져서 뾰족한데 성격까지 뾰족하네."

"어제 읽은 책에 '모난 돌이 정 맞는다.'는 속담이 나왔는데 딱 진영이

얘기야. 무슨 뜻인지 몰라서 선생님께 여쭤 봤더니 '돌이 너무 뾰족하면 망치에 맞으니까, 다른 사람과 사이좋게 둥글둥글 지내는 게 좋다.'는 말이라고 하셨어."
"둥글둥글한 유리처럼?"
둘은 서로 마주보며 빙긋 웃었다.

'각이 지다.'고 할 때의 각은 '면과 면이 만나 이루어지는 모서리'라는 뜻이다. '모서리'의 '모'에도 여러 가지 뜻이 있는데, 구석이나 귀퉁이를 뜻하기도 한다. 이처럼 생활 속에서 '각'이나 '모'는 보통 '뾰족하거나 꺾어짐'의 의미로 쓰인다. 하지만 수학의 각의 개념은 다르다. 수학에서 말하는 각은 무엇일까?

개념과 원리
각이란 무엇일까?

각의 개념

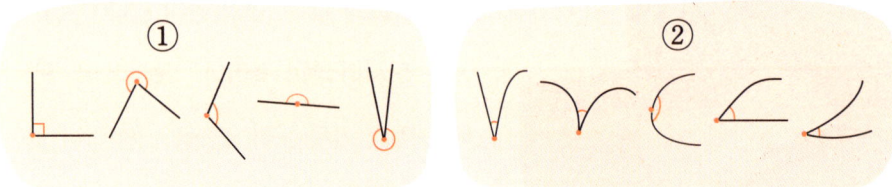

직선이나 곡선이 한 점에서 서로 만난 도형들이 있다. 이를 직선끼리 만나는 경우와 아닌 경우로 각각 갈라 보자. ①처럼 한 점에서 만난 두 직선을 각이라고 한다. 하지만 ②는 직선끼리 만난 것이 아니어서 각이 아니다. 두 반직선이 서로 만나는 점을 각의 꼭짓점, 두 반직선을 각의 변이라고 한다. 또 각을 이루는 두 변이 서로 벌어진 정도를 각도라고 한다.

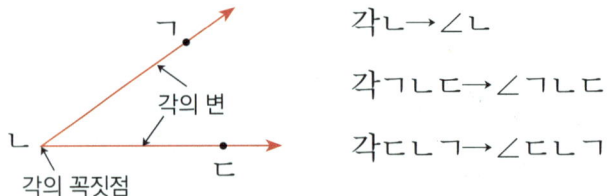

사실 각을 만드는 두 변은 직선이 아니라 반직선이다. 왜냐하면 각의 크기는 변의 길이와는 상관없이 벌어진 크기를 재기 때문이다.

각의 특징

두 직선이 한 점에서 만나야 한다

시곗바늘이 서로 떨어져 있으면 각을 이루지 못한다. 반드시 두 선이 한 점에서 만나야 각이 된다. 그리고 선분을 각의 한 변으로 하는 각을 그리고 싶다면 선분의 끝이 서로 만나게 해야 한다.

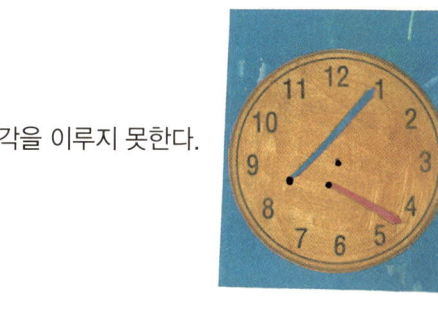

각을 이루지 못한다.

각을 이룬다.

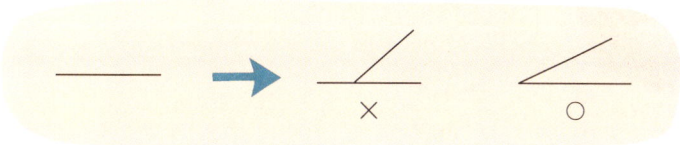

각의 크기는 변의 길이와 서로 관계가 없다

각의 변이 너무 길거나 짧아서 각도를 재는 데 불편하다면 변이 나아가는 방향대로 늘이거나 줄인 다음 각을 재면 된다.

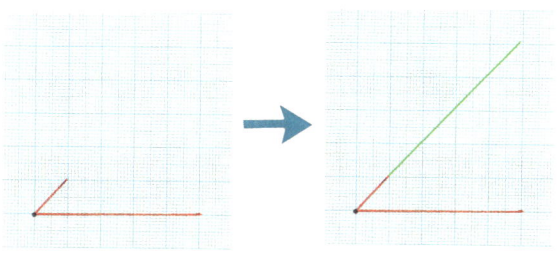

각도의 종류

0°와 360°

각의 두 변이 서로 붙어 있을 때를 0°라고 하고, 한 변이 한 바퀴를 돌아 다시 처음 변과 만났을 때를 360°라고 한다. 12시 정각을 나타내는 시계의 모양은 같지만 시각은 다르다. 두 바늘의 위치는 똑같지만 밤 12시가 0°일 때 낮 12시는 360°이다. 0°는 두 변 사이에 공간이 없음을 나타내고, 360°는 두 바늘 사이가 전체 공간임을 나타낸다.

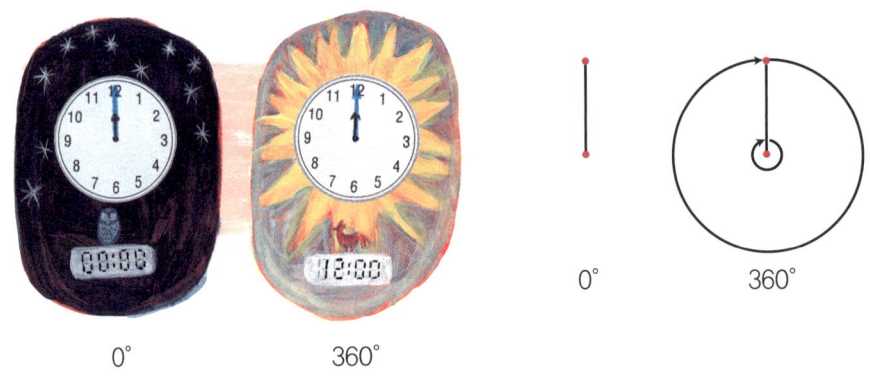

한 점에서 뻗어 나간 두 반직선이 일직선을 이룰 때의 각은 평각이라고 한다. 평각은 180°인데 2직각이라고도 한다.

평각=180°

180°의 반인 90°를 직각이라고 한다. 어떤 각이 직각인지 알아보려면 삼각자의 직각 부분 또는 막대자의 직각 부분, 공책 귀퉁이를 그 각에 대어 보면 된다.

직각=90°

예각과 둔각

각을 크기로 분류할 때, 그 기준이 되는 것이 90°이다. 왜 하필이면 90°를 기준으로 각을 분류했을까? 건물을 세울 때 직각을 꼭 알아야 했기 때문이다.

각의 크기는 직각을 기준으로 해서 직각보다 큰 경우와 직각보다 작은 경우로 나눌 수 있다.

원의 지름을 한 변으로 하는 삼각형을 그리면, 두 꼭짓점은 지름의 양 끝에 있으므로 나머지 꼭짓점 하나의 위치에 따라 삼각형의 모양이 달라진다. 나머지 한 꼭짓점의 위치는 다음 세 가지 경우 중 하나이다.

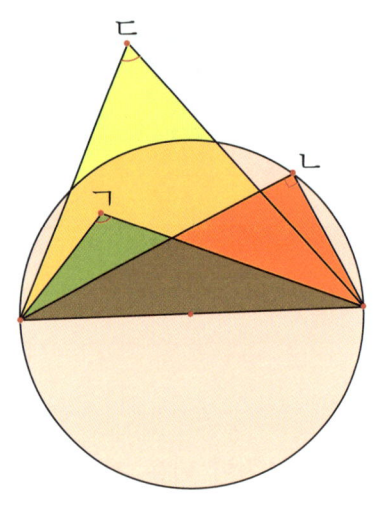

꼭짓점이 원의 안쪽에 있을 때

각ㄱ: 약간 퍼진 듯한 모양이고, 지름에 가까울수록 각이 커진다.

꼭짓점이 원의 바깥쪽에 있을 때

각ㄷ: 뾰족한 모양이고, 원에서 멀어질수록 각이 작아진다.

꼭짓점이 원둘레에 있을 때

각ㄴ: 이 각의 크기가 바로 직각이다.

각ㄱ과 같이 90°보다 크고 180°보다 작은 각을 둔각이라고 한다. 각ㄷ과 같이 0°보다 크고 90°보다 작은 각을 예각이라고 한다.

직선과 직선, 면과 면

직선과 직선이 만드는 각

삼각형의 한 꼭짓점과 그 꼭짓점에서 만나는 두 변은 각을 만든다. 사각형, 오각형 등에서도 변끼리 만나는 꼭짓점에 각이 생긴다.

또한 직선과 직선이 만나면 교점이 생기고, 이 점에서 각이 만들어진다. 다각형의 대각선이 만날 때도 각이 생기는데 이 각은 도형의 내부에 있다.

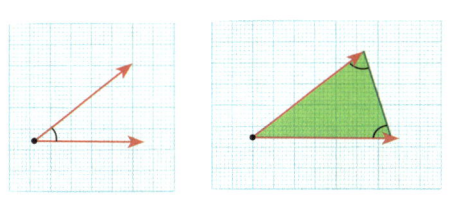

꼭짓점에 각이 생길 때

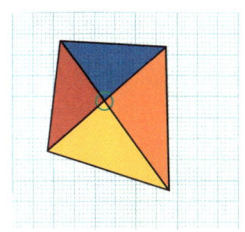

도형 내부에 각이 생길 때

두 직선이 만날 때, 서로 마주 보는 각이 생긴다. 이 각을 맞꼭지각이라고 한다. 세 직선 중 두 직선이 한 직선과 만나도 각이 생긴다. 이때 같은 위치에 있는 각을 동위각이라고 하고, 서로 엇갈리는 각을 엇각이라고 한다. 두 직선이 서로 평행이면, 두 동위각과 엇각의 크기가 모두 같다.

맞꼭지각   동위각   엇각

직선과 면, 면과 면이 만드는 각

나무가 땅에 곧게 서 있으면 나무는 땅과 수직이다. 태풍의 영향으로 나무가 기울어졌다면 땅과 나무가 만드는 각은 직각이 아니다. 이처럼 직선과 직선이 만날 때만 각이 생기는 게 아니라 직선과 면이 만날 때도 각이 만들어진다.

또, 면과 면이 만나도 각이 생긴다.

책장을 넘길 때나 부채를 폈다 접을 때 각도가 변하는 것을 볼 수 있다.

창의 융합 사고력
날짜와 시간을 원 안에 그린 이유는?

다음은 우리나라 하늘에서 1년 동안 볼 수 있는 사계절의 별자리를 모두 나타낸 별자리 판이다. 별자리 판은 2개의 둥근 판을 겹쳐 만드는데, 아래에 있는 큰 판에는 월, 일, 별자리가 있고, 위에 있는 작은 판에는 시각이 표시되어 있다.

1년의 날짜와 시간을 모두 둥근 원 안에 그린 이유는 무엇일까? 자신의 의견과 그 이유를 설명해 보자.

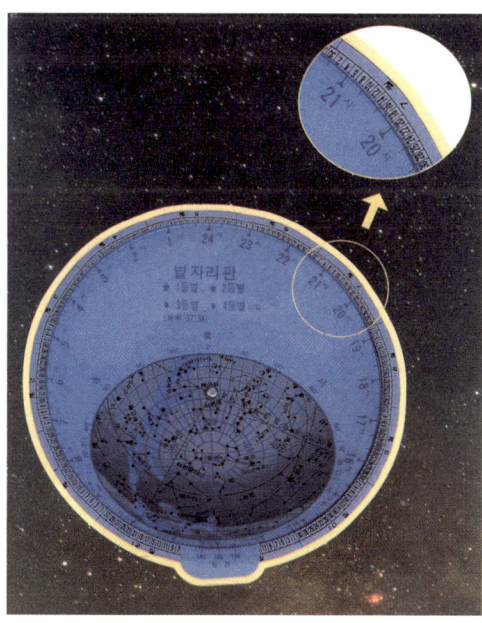

역사 속 수학
한 바퀴는 왜 360°일까?

고대인들은 태양이 지구 주위를 돈다고 생각했다. 그리고 태양이 지구를 완전히 한 바퀴 도는 데 1년이 걸린다고 생각했다. 천문학에 관심이 많았던 바빌로니아 사람들은 일식과 월식을 예측하고 한 해의 길이를 잴 수 있었다. 바빌로니아 사람들은 1년을 약 360일로 계산했는데, 그것이 '한 바퀴는 360°'가 되어 지금까지 이어졌다고 한다.

약 2200년 전 그리스 학자 에라토스테네스(Eratosthenes, 기원전 276~기원전 194)는 각도와 비례식만 이용해서 지구의 둘레를 쟀다. 에라토스테네스는 알렉산드리아의 도서관에서 책을 보다가 "이집트의 시에네라는 도시에서는 하짓날 정오에 태양이 수직으로 비쳐서 그림자가 생기지 않는다."는 내용을 읽었다. 시에네가 알렉산드리아에서 약 900km 떨어진 지역이었기 때문에 에라토스테네스는 자신이 살고 있는 알렉산드리아에서도 시에네처럼 하짓날 그림자가 생기지 않는지 궁금했다. 그래서 하짓날 정오에 알렉산드리아 거리에 막대기 하나를 꽂고 살펴보았더니 그림자가 생겼다.

그는 막대기의 길이와 그림자 길이의 비를 구해서 각도를 구해 보았다. 그랬더니 태양빛이 7.2° 정도 기울어서 비추고 있었다. 그날은 하지이므로 시에네에서는 태양빛이 0°로 곧장 내리쬐고 있을 것이었다.

만약 지구가 평평하다면 같은 날, 같은 시각에는 거리가 떨어져 있더라도 두 도시를 비추는 태양빛은 같은 각도이어야 한다. 그림자의 각도가 다르다는 것은 지구가 평평하지 않고 둥글다는 결정적인 증거이다.

에라토스테네스가 비례식을 사용해 지구의 둘레를 구한 과정은 다음과 같다.

(지구의 둘레) : 900 = 360° : 7.2°

(지구의 둘레) = $\dfrac{360}{7.2} \times 900 = 45000\,(km)$

4 다각형

다각형은 평면도형에 속한다. 평면도형 가운데서 곡선으로 이루어진 것을 제외하고, 직선으로 둘러싸여서 안과 밖이 구별되는 도형을 다각형이라고 한다. 도형을 이루는 직선과 꼭짓점이 각각 3개이면 삼각형, 4개이면 사각형, 5개이면 오각형…… 100개이면 백각형이다. 변의 개수가 점점 많아지면 마치 원처럼 보인다. 하지만 원은 다각형이 아니다.

초등 1-2	초등 2-1	초등 4-2	중학 1-2
여러 가지 모양	여러 가지 도형	다각형과 모양 만들기	평면도형

스토리텔링 수학
이상한 도형

수학 시간, 선생님께서 도화지와 자를 꺼내라고 하셨다.

"자, 지금부터 육각형에서 십이각형까지 자기가 그리고 싶은 모양대로 마음껏 그리세요. 그리고 짝꿍끼리 서로 바꿔서 보세요."

아이들은 각자 열심히 도형을 그린 다음 짝꿍과 바꿔 보았다. 그런데 현희의 도형을 본 선재가 고개를 갸웃거리며 말했다.

"이게 육각형이냐?"

"세어 봐. 변이 6개잖아."

선재는 자기가 그린 그림과 비교하며 계속해서 현희의 도형을 보았다.

"이상하다……. 이거 칠각형 맞아?"

"맞잖아! 변이 7개."

"야, 넌 도형 모양들이 다 왜 이래. 이게 무슨 팔각형이야?"

참다 못한 선재가 자기 그림과 현희 그림을 같이 들고 말했다.

"선생님, 이게 팔각형, 구각형, 십각형, 십일각형, 십이각형 맞아요? 모양이 이상해요."

"엉? 정말 이상하다."

"현희는 미국에서 전학 왔잖아. 미국에서는 저렇게 그리나?"

현희가 그린 도형은 안으로 움푹 들어간 모양을 하고 있어서, 아이들 눈에는 매우 낯설게 느껴졌다. 하지만 육각형의 변의 개수는 6개, 칠각형은 7개, 팔각형은 8개이므로 다각형을 그린 것이 맞다. 이런 도형을 오목다각형이라고 한다. 우리나라 교과서에는 변이 많아질수록 점점 바깥쪽으로 퍼지는 도형, 곧 볼록다각형이 많다. 하지만 외국에서는 현희가 그린 것과 같은 오목다각형을 배우기도 한다.

현희의 오목다각형

선재의 볼록다각형

개념과 원리
다각형이란 무엇일까?

다각형의 개념

여러 가지 평면도형을 어떤 기준에 따라 분류해 보자.

먼저 도형을 이루는 선이 직선인지, 곡선인지에 따라 분류하고, 직선으로만 이루어진 도형 모임을 다시 안과 밖이 구별되는 도형의 모임으로 분류하자.

직선으로 이루어져 있고 안과 밖이 구별되는 도형을 다각형이라고 한다.

이번에는 직선으로만 이루어진 도형 모임 중 변의 개수가 똑같은 도형끼리 모아 보자.

다각형 중에서 변의 길이가 모두 같고, 각의 크기도 모두 같은 다각형을 정다각형이라고 한다.

다각형의 내각의 합

오각형이라고 해서 모양이 다 똑같지는 않다. 5개의 변의 길이와 5개의 각의 크기에 따라 모양이 달라지기 때문이다.

그렇다면 모든 오각형은 변의 수가 5개이고, 꼭짓점의 수가 5개라는 것 말고 어떤 공통점이 있을까? 오각형들의 또 하나의 공통점은 **내각의 크기가 같다**는 것이다.

내각의 합은 다각형을 이루는 안쪽 각들의 합을 말한다. 삼각형부터 내각의 합에 대해 알아보자.

삼각형의 내각의 합은 항상 180°

모든 삼각형은 내각의 합이 180°라는 공통점이 있다. 다음과 같이 세 가지 종류의 삼각형을 만들어서 내각의 합이 180°인지 알아보자.

방법 1

1. 두 변의 가운데를 잇는다.
2. 다른 한 변과 마주보는 꼭지각을 이 선에 따라 접는다. 그러면 마주 보는 변에 닿는다.
3. 나머지 두 꼭지각들이 서로 만나도록 접는다.

예각삼각형

직각삼각형

둔각삼각형

세 각이 한 변에 모여 변이 일직선이 되었다. 이때의 각의 크기는 $180°$이다. 따라서 삼각형은 그 모양에 상관없이 세 각의 합이 항상 $180°$라는 것을 알 수 있다.

삼각형의 세 각의 합이 $180°$라는 것을 다른 방법으로도 알아볼 수 있다.

방법 2

1. 삼각형의 한 꼭짓점을 지나고 밑변과 평행인 직선을 그린다.
2. 평행한 두 직선과 한 직선이 만날 때, 서로 엇갈리는 각의 크기는 같다.
3. 처음 삼각형의 세 각이 한데 모였다.

세 각의 합이 일직선을 이루므로 세 각의 합은 $180°$이다.

다각형의 내각의 합

사각형은 삼각형 2개, 오각형은 삼각형 3개, 육각형은 삼각형 4개로 자를 수 있다. 이처럼 모든 다각형은 삼각형으로 나눌 수 있으므로 삼각형은 다각형의 가장 작은 단위가 된다. 삼각형의 세 각의 합이 180°라는 사실을 이용하면 다른 다각형들의 내각의 합도 알 수 있다.

모든 사각형은 삼각형 2개로 나눌 수 있으므로 사각형의 내각의 합은 180°의 2배이다. 따라서 사각형의 네 각의 합은 360°이다.

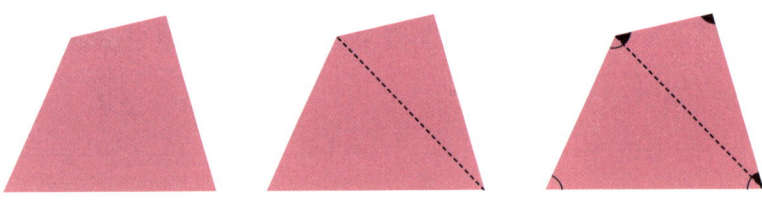

삼각형의 개수: 4−2=2(개) → (사각형의 내각의 합)=180°×2=360°

모든 오각형은 삼각형 3개로 나눌 수 있으므로 오각형의 내각의 합은 180°의 3배이다. 따라서 오각형의 내각의 합은 540°이다.

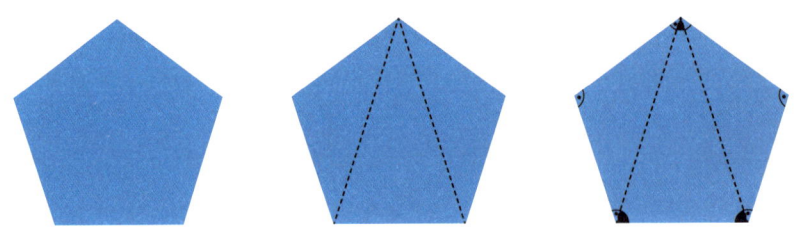

삼각형의 개수: 5−2=3(개) → (오각형의 내각의 합)=180°×3=540°

모든 육각형은 삼각형 4개로 나눌 수 있으므로 육각형의 내각의 합은 180°의 4배이다. 따라서 육각형의 내각의 합은 720°이다.

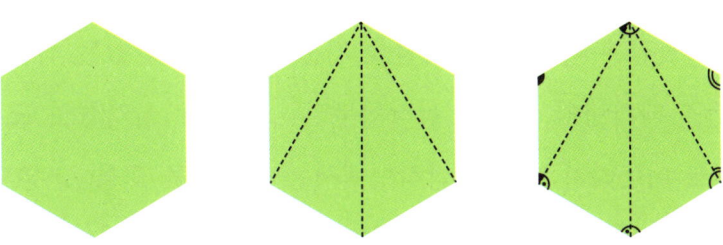

삼각형의 개수: 6−2=4(개) → (육각형의 내각의 합)=180°×4=720°

그러면 십각형은 삼각형 몇 개로 나눌 수 있을까? 십각형을 잘라 만들 수 있는 삼각형의 수는 변의 수보다 2 작은 수이므로, 10−2=8(개)이다. 따라서 십각형의 내각의 합은 180°의 8배인 1440°이다.
100각형은 100−2=98(개)의 삼각형으로 나누어진다. 따라서 100각형의 내각의 합은 180×98, 곧 17640°이다.

이런 식으로 삼각형의 내각의 합을 이용해 다음과 같은 다각형의 내각의 합 공식을 만들 수 있다.

(다각형의 내각의 합)=180°×{(다각형의 변의 수)−2}

다각형의 대각선의 수

다각형의 또 다른 공통점은 대각선의 개수가 일정하다는 것이다. 대각선은 다각형에서 서로 이웃하지 않는 두 꼭짓점을 이은 선을 말하고, 이웃하는 꼭짓점은 어떤 한 꼭짓점을 기준으로 양옆에 있는 꼭짓점을 말한다. 먼저 다각형의 기본인 삼각형부터 알아보자. 삼각형의 모든 꼭짓점은 서로 이웃하기 때문에 삼각형에서는 대각선을 그을 수 없다. 하지만 사각형, 오각형, 육각형…… 등은 대각선을 그을 수 있다.

그렇다면 100각형의 대각선은 몇 개나 될까? 직접 그리지 않고도 전체의 개수를 구할 수는 없을까?

대각선을 긋는 것은 마치 점들이 서로 악수를 하는 것과 같다. 2명의 사람이 악수를 하는 경우를 생각해 보자. 한 사람당 손을 내미는 횟수가 한 번씩이므로 악수는 모두 2×1=2(번)일 것이라는 생각이 언뜻 든다. 하지만 실제로는 한 번이다. 왜냐하면 사람은 2명이지만 서로 손을 한 번 맞잡았기 때문이다. 단, 자기 양옆에 있는 점과는 악수를 하지 않아야 한다는 조건이 붙는다.

예를 들어 오각형의 경우를 생각해 보자. 오각형에서 한 꼭짓점과 이웃하지 않는 꼭짓점은 2개이다. 5개의 점 중에서 자신의 점 1개와 양옆의 점 2개를 빼면 5-3=2이므로, 한 꼭짓점마다 대각선을 2개씩 그릴 수 있다.

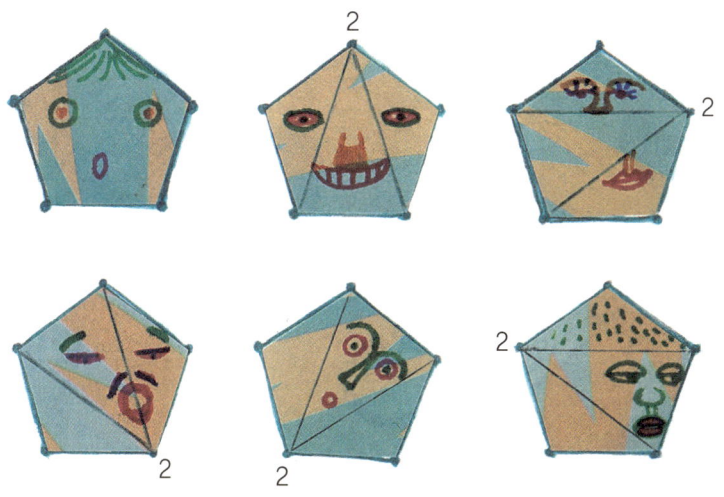

하지만 악수할 때와 마찬가지로, 대각선의 양끝에 있는 두 점이 만나도 대각선은 1개만 생기므로, 전체 개수는 10개가 아니라 10의 $\frac{1}{2}$인 5개이다. 생긴 모양은 조금씩 달라도 오각형의 대각선의 개수는 항상 5개이다.

오각형의 대각선 개수

$(5 \times 2) \div 2 = 5$
- 한 꼭짓점에서 그을 수 있는 대각선의 수: 5−3=2
- 꼭짓점의 수

칠각형의 대각선 개수

$(7 \times 4) \div 2 = 14$
- 한 꼭짓점에서 그을 수 있는 대각선의 수: 7−3=4
- 꼭짓점의 수

100각형의 대각선 개수

$(100 \times 97) \div 2 = 4850$
- 한 꼭짓점에서 그을 수 있는 대각선의 수: 100−3=97
- 꼭짓점의 수

어떤 다각형의 대각선 수는 꼭짓점의 수를 이용해 다음과 같은 공식으로 구할 수 있다.

(다각형의 대각선 수)=[(꼭짓점 수)×{(꼭짓점 수)−3}]÷2

창의 융합 사고력

똑같이 그리는 데 필요한 도구는?

피카소의 작품 〈스튜디오(The Studio)〉를 똑같이 그려 보자. 이때 그림을 똑같이 그리는 데 필요한 도구의 이름을 적고, 그 도구를 사용하는 목적이 무엇인지 써 보자.

역사 속 수학
최초의 수학 수업

"기하학을 모르는 자는 이 문 안에 들어오지 말라."

그리스의 철학자 플라톤(Platon, 기원전 427~기원전 347)은 자신이 세운 '아카데미아' 학교 현관에 이 말을 써 붙여 놓았다. 그리스 아테네의 귀족 가문에서 태어난 플라톤은 소크라테스의 가장 우수한 제자였다. 그는 기하학의 사고방식인 논리적 사고가 모든 학문의 기본이라고 생각했다.

당시 그리스 철학자들은 이 세상을 구성하는 기본 물질을 공기, 흙, 불, 물이라고 보았는데, 플라톤은 그것을 각각 도형으로 표현했다. 그는 공기는 정팔면체, 흙은 정육면체, 불은 정사면체, 물은 정이십면체로 각각 상징할 수 있다고 생각했고, 이 4원소를 전부 그 속에 간직하고 있는 정십이면체를 우주의 상징으로 여겼다.

플라톤의 책 《메논》에는 소크라테스가 소년과 대화를 하며 수학을 가르치는 장면이 나온다. 이는 기록으로 남은 역사상 최초의 수학 수업이다.

소크라테스

플라톤

소크라테스	한 변이 2m인 정사각형의 넓이는?
소년	$4m^2$입니다.
소크라테스	그렇다면 이 정사각형 넓이의 2배는 얼마이냐?
소년	$8m^2$입니다.
소크라테스	큰 정사각형의 한 변의 길이는 얼마이냐?
소년	넓이가 2배이므로 한 변의 길이도 2배가 되어 4m입니다.
소크라테스	한 변이 4m인 정사각형의 넓이는?
소년	$16m^2$입니다.
소크라테스	$16m^2$는 $4m^2$의 2배가 맞느냐?
소년	2배가 아니고 4배입니다. 제가 틀렸습니다.
소크라테스	4배가 되려면 이 정사각형을 4개 붙여 놓아야 하지?
소년	그렇습니다.
소크라테스	이런 선(대각선)을 그리면 새로운 정사각형이 생기고 원래 정사각형은 둘로 나누어진다. 새로 만들어진 사각형의 넓이는 얼마이겠느냐?
소년	작은 정사각형들이 반씩 모인 것이므로 $8m^2$입니다.
소크라테스	이 넓이가 처음 넓이의 2배가 맞느냐?
소년	그렇습니다.

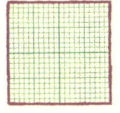 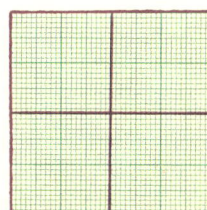 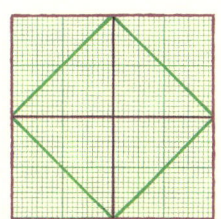 

5 삼각형

삼각형은 세 개의 변으로 이루어진 다각형이다.

삼각형은 다각형의 가장 작은 단위이므로, 모든 다각형은 삼각형으로 분해할 수 있다. 예를 들어 사각형은 삼각형 2개, 오각형은 삼각형 3개, 육각형은 삼각형 4개로 나누어진다.

여러 가지 삼각형 중에는 특별한 특징을 가진 것들이 있다. 그 특징에 따라 직각삼각형, 이등변삼각형, 직각이등변삼각형, 정삼각형이라고 부른다. 이 특별한 삼각형들은 삼각형이나 다른 도형을 이해하는 바탕이 된다.

초등 1-2	초등 3-1	초등 4-2	중학 2-2
여러 가지 모양	평면도형	삼각형	피타고라스 정리

스토리텔링 수학
치즈와 샌드위치

오늘은 가족 소풍 가는 날. 신이 난 승철이와 승진이는 도시락을 함께 준비하겠다며 주방으로 몰려왔다.

"엄마, 저희도 할게요!"

"좋아! 자기가 먹을 샌드위치는 자기가 만들어 보자. 먼저 식빵 한 장을 반으로 잘라라."

잠시 후, 승철이와 승진이는 각자 식빵을 잘라 내밀었다.

엄마는 승철이가 자른 식빵을 보고 말씀하셨다.

"물론 그것도 반은 반이구나. 하지만 엄마는 이렇게 대각선으로 자르라고 한 거야."

"설마 정사각형을 대각선으로 자르면 삼각형 2개가 나온다는 걸 모르는 건 아니겠지?"

형 승진이가 으스대며 말했다.

"자, 이번에는 치즈를 반으로 잘라 보자."

승철이와 승진이는 치즈를 삼각형 모양으로 잘랐다. 자른 치즈를 식빵 사이에 넣는데 야채가 자꾸 옆으로 새어 나왔다.

"에이~ 망쳤어요. 엄마, 이건 새로 다시 만들어요."

"그러자꾸나. 괜히 치즈만 잔뜩 잘라 놓았네. 이번에는 자르지 않은 식빵에다가 조금 전에 자른 치즈들을 넣자꾸나."

"▲▲ 이렇게요?"

"야! 그렇게 붙이면 어떡하냐? ◢ 이렇게 붙여야 사각형이 되지."

승철이가 치즈를 다시 이어 붙이며 말했다.

"◢▱ 평행사변형도 사각형이지."

그러곤 씩~ 웃으며 한 입에 먹어 버렸다.

정사각형을 대각선으로 자르면 삼각형 2개가 만들어진다. 하지만 삼각형 2개를 붙인다고 해서 항상 정사각형이 나오는 것은 아니다. 삼각형이 되거나 평행사변형이 되기도 한다.

개념과 원리
다각형의 기본, 삼각형

삼각형이 되기 위한 조건

다음은 3개의 선으로 만든 도형이다. ①의 선분들은 서로 만났다가 엇갈려 나아가고, ②에는 서로 만나지 않는 선분도 있으며, ④에는 곡선이 들어 있다. 그런데 ③은 세 선분의 끝점끼리 서로 만나고, 안과 밖이 구별된다. 이렇게 3개의 선분으로 둘러싸인 ③과 같은 도형을 삼각형이라고 한다.

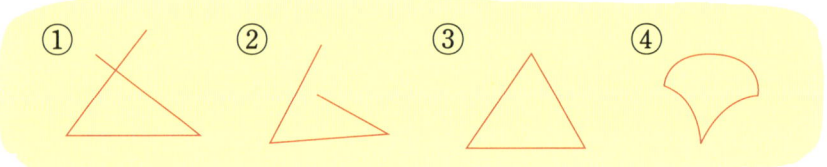

빨대를 적당한 길이로 잘라 연결하면 여러 모양의 삼각형을 만들 수 있다. 하지만 다음 그림처럼 짧은 두 빨대를 이어 긴 빨대의 끝점에서 만나지 않을 때에는 삼각형이 될 수 없다.
삼각형이 되려면 두 변을 이어 붙인 것이 나머지 변보다 길어야 한다.

삼각형이 될 수 있는 조건
  (두 변의 길이의 합) > (가장 긴 변의 길이)

삼각형 분류하기

아래에 여러 가지 모양의 삼각형이 있다. 이 모임에 있는 삼각형은 모두 3개의 꼭짓점과 3개의 변이 있다. 하지만 모양은 약간씩 다르다.

두 변끼리 만나서 만드는 각도와 변의 길이에 따라 삼각형의 모양이 달라진다.

각도로 분류하기

삼각형의 세 각의 합은 항상 180°이지만, 세 각의 크기가 각각 똑같은 것은 아니다. 따라서 세 각의 종류가 무엇인지에 따라 삼각형을 분류할 수 있다.

먼저, 세 각 중에서 직각을 가진 삼각형과 그렇지 않은 삼각형으로 분류해 보자.

직각이 없는
삼각형

직각이 있는
삼각형

직각이 있는 삼각형을 직각삼각형이라고 한다. 직각삼각형은 매우 특별하다. 세 변 사이에는 다음과 같은 특별한 관계가 있기 때문이다.

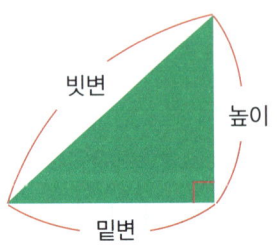

$(밑변)^2 + (높이)^2 = (빗변)^2$

'직각삼각형의 빗변의 제곱은 다른 두 변의 제곱의 합과 같다.'
이것을 피타고라스의 정리라고 한다.

이 사실을 활용해 다음 ■의 길이도 구해 보자.

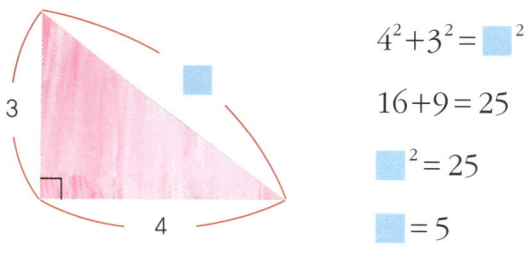

$$4^2 + 3^2 = ■^2$$
$$16 + 9 = 25$$
$$■^2 = 25$$
$$■ = 5$$

직각삼각형이 아닌 삼각형은 세 각이 모두 예각인지 아니면 둔각이 있는지에 따라 다시 분류할 수 있다. 세 각이 모두 예각으로 이루어진 삼각형을 예각삼각형이라고 한다.

예각삼각형

또 삼각형의 세 각의 합은 180°이기 때문에 한 각이 90°보다 크면 나머지 두 각의 합은 90°보다 클 수 없다. 따라서 삼각형의 세 각 중에서 한 각이 둔각이면 다른 각은 모두 예각이다.

둔각삼각형

이런 삼각형을 둔각삼각형이라고 한다. 세 각의 크기가 모두 같다면 한 각은 예각이고, 60°이다. 따라서 세 각의 크기가 모두 같은 정삼각형은 예각삼각형이다. 어떤 삼각형이라도 직각삼각형, 둔각삼각형, 예각삼각형 중 어느 한 가지에 반드시 속한다.

길이가 같은 변의 개수로 분류하기

이번에는 세 변 중 길이가 같은 변이 있는 삼각형과 그렇지 않은 삼각형으로 분류해 보자. 두 변의 길이가 같은 삼각형을 이등변삼각형이라고 한다.

이등변삼각형

색종이를 접어서 오리면 이등변삼각형을 쉽게 만들 수 있다.

자와 컴퍼스만을 사용해 이등변삼각형을 다음과 같이 그릴 수 있다.

먼저 밑변을 그린 다음, 컴퍼스로 양 끝점을 원의 중심으로 하고 반지름이 같은 두 원을 그린다. 그리고 나서 두 원의 교점과 밑변의 양 끝점을 잇는 선분을 그린다.

이등변삼각형은 크기가 같은 직각삼각형 2개를 붙인 것과 같아서, 밑변의 중점에서 꼭지각으로 선분을 그리면 그 선분은 밑변과 수직이다.

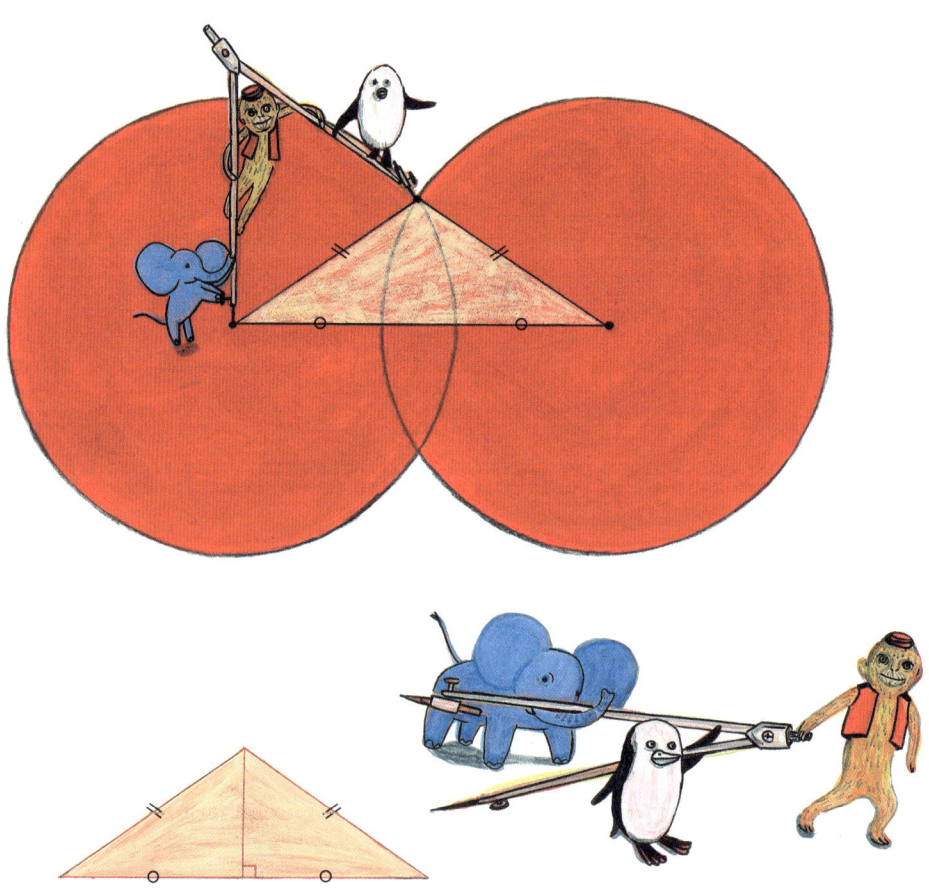

각의 종류로 분류했을 때 직각삼각형에 속하고, 변의 길이로 분류했을 때 이등변삼각형에 속하는 삼각형을 직각이등변삼각형이라고 한다. 직각이등변삼각형의 세 각은 45°, 45°, 90°이다.

직각이등변삼각형

이등변삼각형에 속하는 삼각형 중에는 세 변의 길이가 모두 같은 경우도 있다. 이런 삼각형을 정삼각형이라고 한다. 정삼각형의 세 각은 60°로 똑같기 때문에 각도기를 사용하면 정삼각형을 그릴 수 있다. 그러나 각도기가 없어도 자와 컴퍼스만으로 정삼각형을 작도할 수 있다.

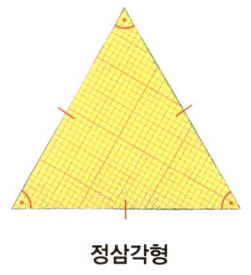

정삼각형

작도란 눈금 없는 자와 컴퍼스만으로 도형을 그리는 것을 말한다. 자는 직선을 긋거나 점과 점을 이을 때 사용하고 컴퍼스는 원을 그릴 때, 길이나 각을 옮길 때, 각을 나눌 때 사용한다.

정삼각형은 다음과 같이 작도한다. 먼저, 직선을 그리고 한 점(A)을 중심으로 원하는 길이만큼 컴퍼스를 벌린 뒤 회전해서 직선 위에 컴퍼스가 지나간 자리를 점(B)으로 표시한다. 그러고 나서 A와 B 두 점을 중심으로 조금 전과 반지름이 같은 원을 그린 후 만나는 점(C)과 서로 잇는다.

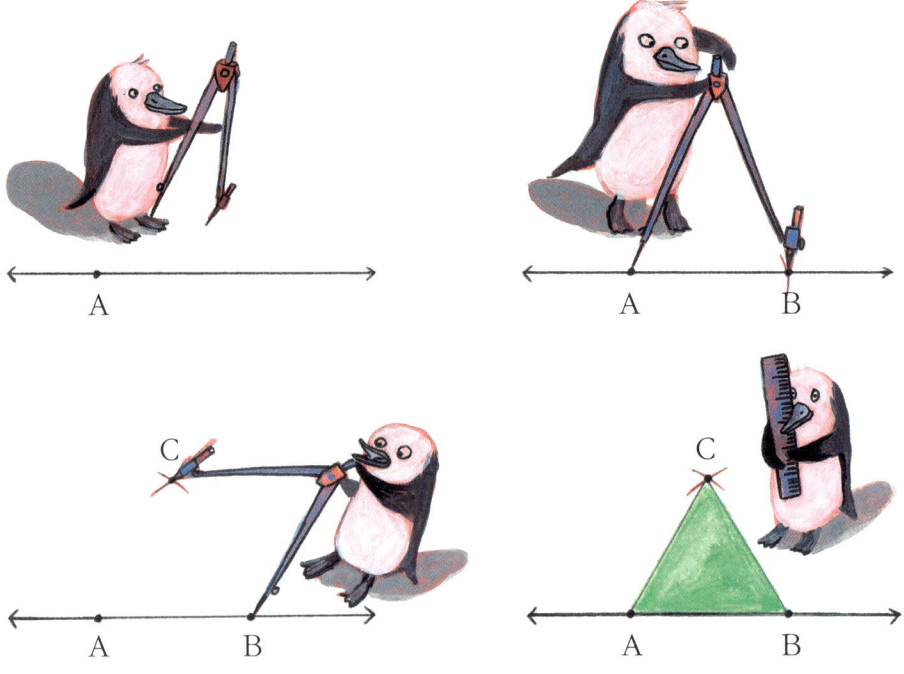

컴퍼스로 원을 그릴 때의 반지름의 길이가 곧 정삼각형의 한 변이 되므로, 세 변의 길이는 같다는 것을 알 수 있다. 정삼각형의 세 각의 크기는 같고 한 각의 크기는 60°이다.

창의 융합 사고력
높이는 얼마일까?

어떤 오르막길의 경사도가 30°라고 한다. 이 오르막길을 직각삼각형으로 표현했을 때 빗변의 길이가 30m라면 높이는 몇 m인지 구해 보자.

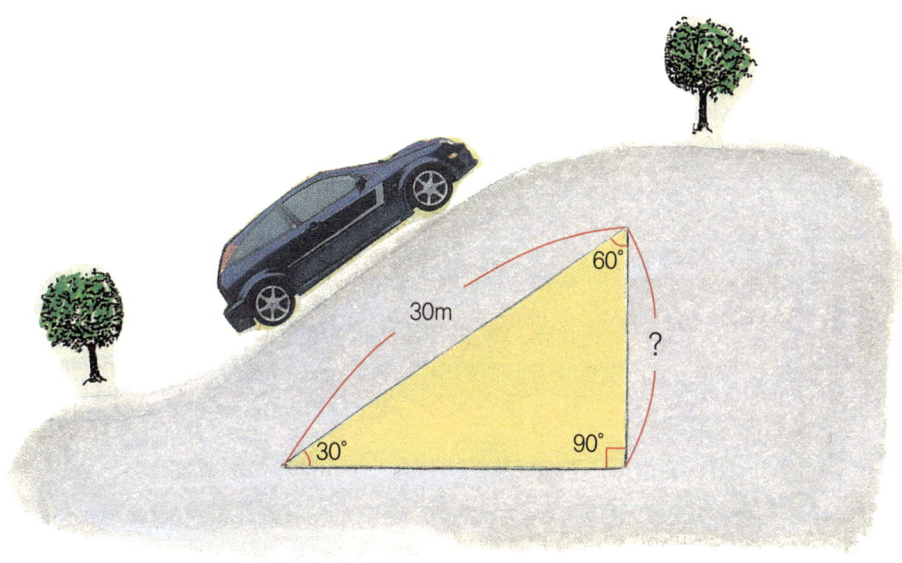

역사 속 수학
구고현의 정리와 피타고라스 정리

$$a^2+b^2=c^2$$

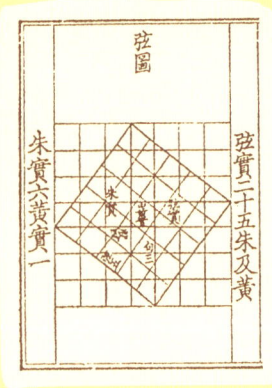

《주비산경》
중국에서 가장 오래된 수학 책. 피타고라스 정리를 오직 한 장의 그림으로만 보여 준다.

각도기가 없던 시절에도 사람들은 피타고라스 정리를 알고 있었다. 따라서 건물을 지을 때 기둥을 수직으로 세울 수 있었다. 직각삼각형의 두 변의 길이의 제곱의 합은 빗변의 제곱과 같다는 사실을 맨 처음 알아낸 사람들은 그리스 인이 아니라 중국인들이었다.

기원전 1200년경에 만들어진 《주비산경》은 중국에서 가장 오래된 수학 책으로 알려져 있다. 이 책에는 왼쪽과 같은 그림 한 장만 들어 있는데, 이 그림에 대한 설명이나 풀이는 없다. 이 그림의 의미가 무엇인지 함께 생각해 보기 위해 이것과 똑같은 커다란 정사각형 2개를 그렸다.

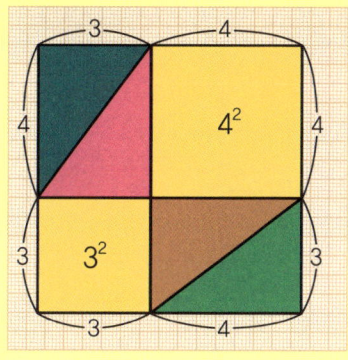 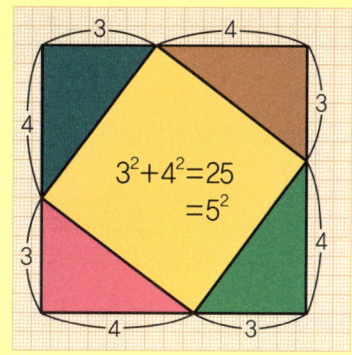

　두 정사각형의 크기는 서로 같고, 직각삼각형들도 모두 똑같다. 따라서 두 정사각형 속에 들어 있는 4개의 직각삼각형의 크기는 모두 같다.

　왼쪽의 노랑 정사각형들의 넓이의 합은 오른쪽의 가운데 있는 정사각형의 넓이와 같다. 즉, 3^2+4^2은 25이고, 25는 5^2이다.

　'$3^2+4^2=5^2$'을 중국에서는 '진자의 정리' 또는 '구고현의 정리'라고 불렀다. '구고현'이란 직각삼각형의 세 변을 일컫는 말인데, 직각을 낀 두 변 가운데 짧은 변이 '구', 긴 변이 '고', 빗변이 '현'이다.

　중국 사람들은 피타고라스가 증명하기 전까지 밑변과 높이의 제곱의 합이 빗변의 제곱이 되는 경우는 특별한 직각삼각형에만 적용된다고 생각했다. 이 사실을 오래전부터 알고 있었다는 것이 중국뿐만 아니라 우리나라, 인도, 바빌로니아, 이집트 등 여러 나라에서 발견되었지만, 피타고라스가 처음 증명했기 때문에 '피타고라스 정리'라고 불리게 되었다.

$$勾^2+股^2=弦^2$$

6 사각형

사각형은 4개의 변으로 이루어진 다각형이다.

여러 가지 사각형을 공부하는 과정은 스무고개를 하는 것과 비슷하다.

"그것은 네 개의 변과 네 개의 각으로 이루어졌습니까?"

"그것은 한 쌍의 평행한 변을 가지고 있습니까?"

"그것은 두 쌍의 평행한 변을 가지고 있습니까?"

"그것은 네 각의 크기가 모두 같습니까?"

"그것은 네 변의 길이가 모두 같습니까?"

사각형에 이러한 특징을 하나씩 더해 나가다 보면 자연히 사다리꼴,

평행사변형, 직사각형, 마름모, 정사각형의 성질을 이해하게 된다.

초등 1-2	초등 4-2	중학 1-2
여러 가지 도형	여러 가지 사각형	평면도형

스토리텔링 수학

움직이는 옷걸이의 비밀

동국이의 방은 항상 어지럽다. 방바닥에 옷이 아무렇게나 놓여 있고 책상 위도 너저분하다.

오늘도 엄마의 꾸지람이 시작되었다.

"제발 정리 좀 하고 다녀라! 네 방이 꼭 돼지우리 같구나."

방을 둘러보니 정말 심하다는 생각이 들어 책상 정리부터 시작했다. 책들을 책장에 꽂다가 얼마 전 학교 대표로 미술 대회에 나가 받은 상장이 눈에 들어왔다. 그냥 꽂아 두기에는 아깝다는 생각이 들어 책상 위에 펼쳐서 세워 놓기로 했다.

'완전히 펼치면 좋겠지만 자리를 많이 차지할 거야.'

동국이는 상장을 적당히 벌려 펼친 뒤 세워 두었다.

내친 김에 형에게 부탁해서 벽에 옷걸이를 달아 옷을 정리해야겠다는 생각이 들었다. 형은 고맙게도 자기 방에 있는 옷걸이를 가져와 동국이 방에 달아 주었다.

"흠…… 이렇게 하면 너무 좁고, 이렇게 하면 자리를 너무 많이 차지해. 이 정도가 적당할 것 같아."

"와~ 이 옷걸이는 정말 신기하네. 모양도 바뀌고."

동국이는 신이 나서 여기저기 흩어져 있던 옷을 가지런히 걸었다.

변의 수와 길이가 같더라도 변과 변 사이를 얼마나 벌리느냐에 따라 서로 다른 모양의 사각형이 된다. 상장 자체의 크기는 변함이 없지만 두 겉장 사이가 벌어지는 크기에 따라 상장의 앞면과 뒷면 사이 공간의 크기가 달라진다.

옷걸이도 마찬가지이다. 길이는 달라지지 않지만 나무와 나무 사이를 얼마나 벌리느냐에 따라 옷걸이가 만드는 사각형의 모양이 달라지고, 벽에서 옷걸이가 차지하는 공간의 크기도 달라진다.

개념과 원리
여러 가지 사각형

4개의 선분으로 둘러싸인 사각형은 네 변이 서로 어떤 관계에 있는지에 따라 모양이 달라진다. 변 사이의 관계에 대해 알아보자.

수직과 평행

사각형에는 4개의 변이 있고, 네 변 사이의 관계는 네 각의 크기와 연결된다. 그리고 각의 크기와 변의 길이에 따라 사각형의 모양이 달라진다.

수직

두 직선이 만나면 4개의 각이 생긴다. 이때 한 각이 직각이면 나머지 세 각도 직각이다. 두 직선이 이루는 각이 직각일 때, 두 직선은 서로 수직이라고 한다. 이때 한 직선을 다른 직선의 수선이라고 한다.

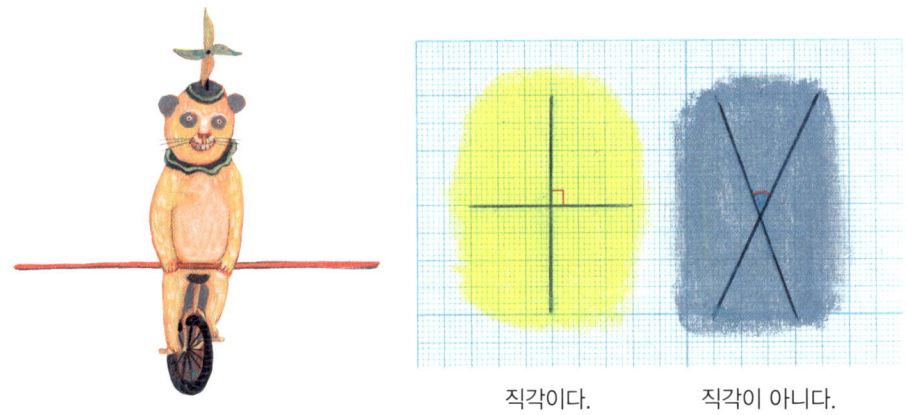

직각이다.   직각이 아니다.

평행

한 직선에 수직인 두 직선을 그려 보자. 이 두 직선은 서로 만나지 않는다. 이처럼 서로 만나지 않는 두 직선을 평행이라고 하고, 평행인 두 직선을 평행선이라고 한다.

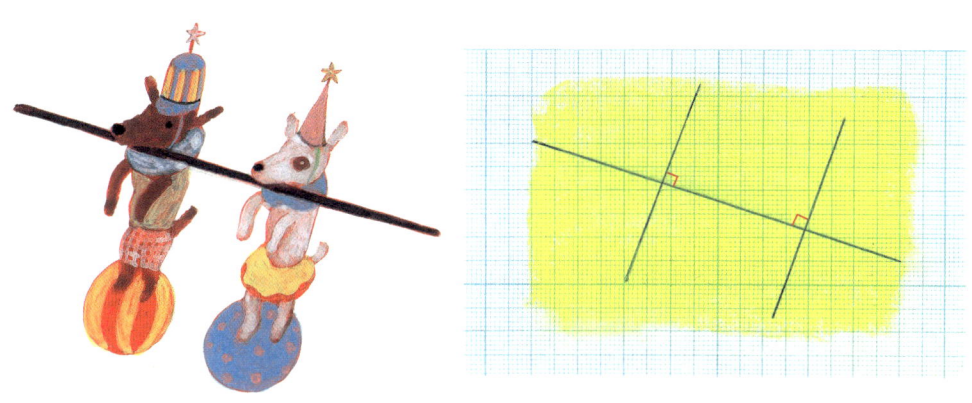

평행인 두 직선의 길이가 달라도 서로 평행하면 평행선이다.

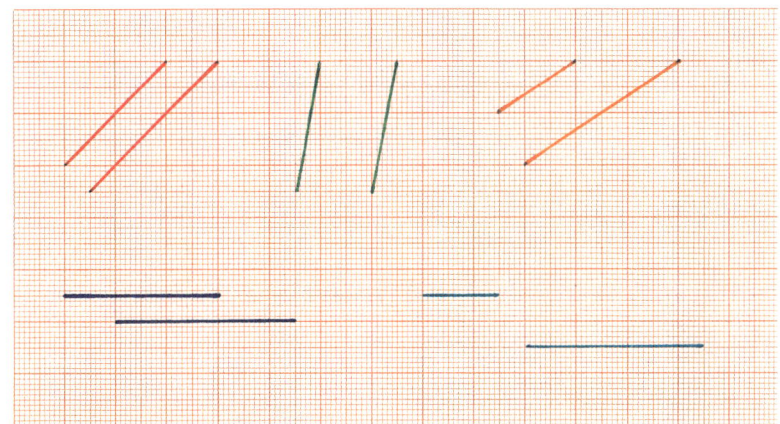

사각형 분류하기

다음은 4개의 선으로 만들어진 도형이다. 이 중에서 4개의 '선분'으로 '둘러싸인' ③만 사각형이다.

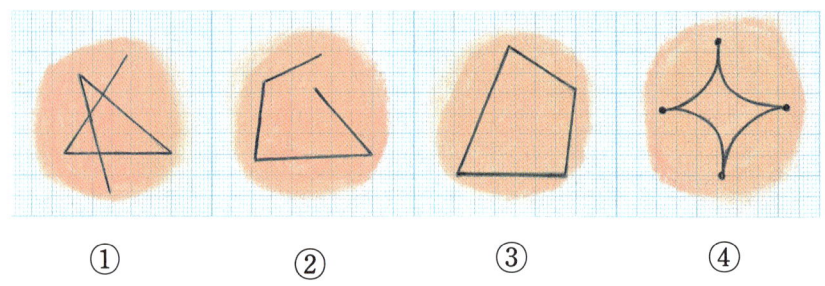

① ② ③ ④

여러 가지 모양의 사각형이 있다.

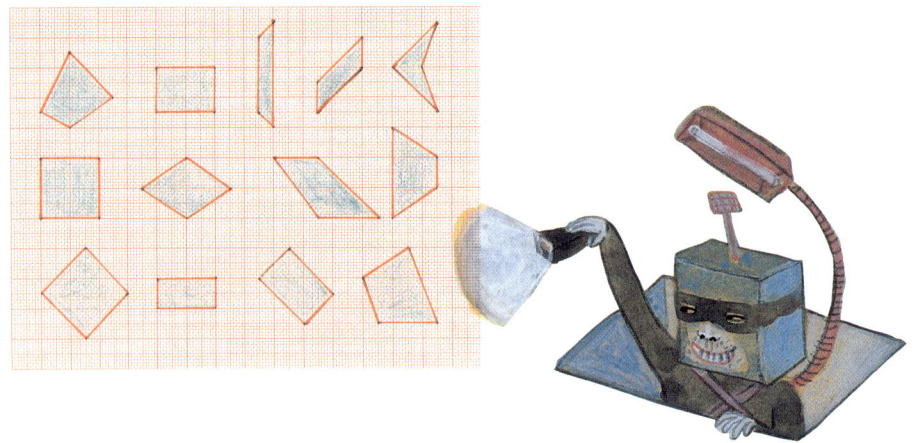

이 모임에 있는 사각형은 모두 4개의 각과 4개의 변이 있다는 점에서는 똑같다. 하지만 모양은 조금씩 다 다르다. 그것은 두 변끼리 만나는 꼭짓점에서의 각도와 변의 길이가 다르기 때문이다. 각도도 같고 변의 길이도 같으면 생김새도 똑같을 것이다.

이 모임에서 평행한 변이 하나도 없는 사각형을 골라 내고 평행한 변들이 있는 사각형만 남기자. 이렇게 해서 남은 사각형들은 평행인 변을 가지고 있는데, 이런 사각형을 사다리꼴이라고 한다. 사다리꼴 중에는 한 쌍만 평행인 사각형도 있고, 두 쌍 모두 평행인 사각형도 있다.

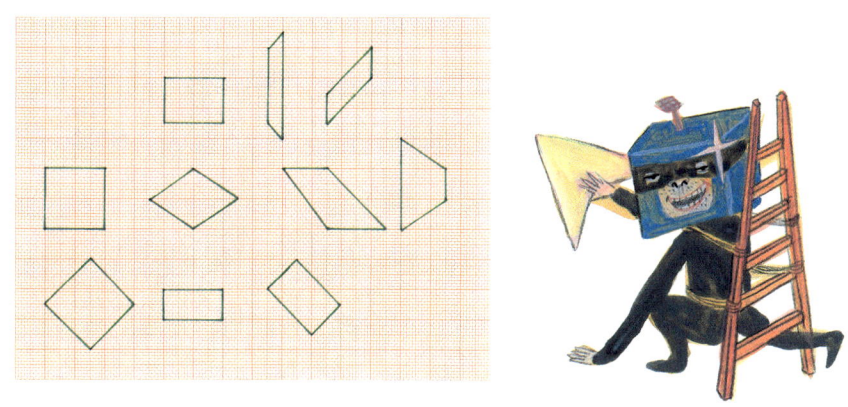

여기서 두 쌍이 평행인 사각형만 남기고, 나머지는 없애자. 이렇게 해서 남은 사각형들을 평행사변형이라고 한다.

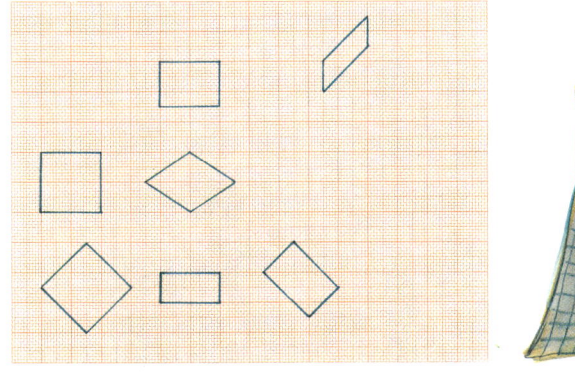

이 사각형들은 마주 보는 두 쌍의 변이 모두 평행이다. 하지만 이 사각형들의 생김새가 모두 똑같지는 않다. 왜냐하면 네 각의 크기와 네 변의 길이가 모두 똑같지는 않기 때문이다. 물론 이 중에는 두 쌍의 변들이 서로 평행이면서도 네 각의 크기까지 같은 사각형이 있고, 네 각의 크기는 다르지만 네 변의 길이가 같은 사각형도 있다. 이러한 평행사변형을 이번에는 각도와 변의 길이로 분류해 보자.

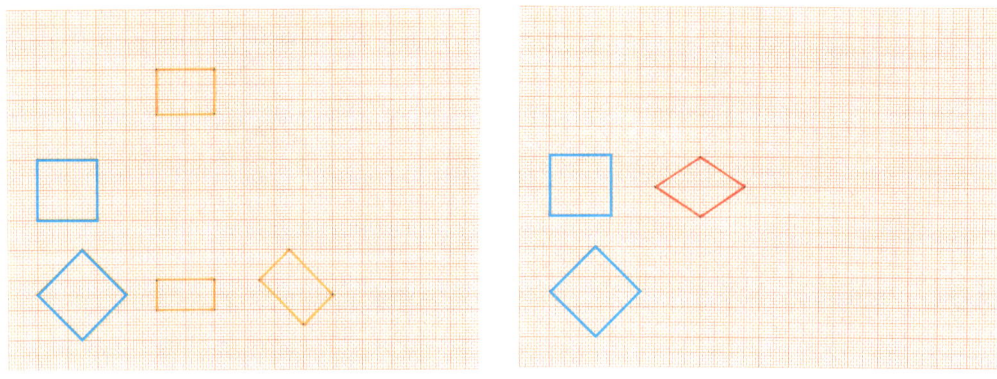

네 각의 크기가 모두 같은 사각형

이런 사각형들을 직사각형이라고 한다.

네 변의 길이가 모두 같은 사각형

이런 사각형들을 마름모라고 한다.

그러고 보니 네 각의 크기가 같은 사각형 모임에도 속하고, 네 변의 길이가 같은 모임에도 속하는 사각형들이 있다. 이런 사각형들을 정사각형이라고 한다.

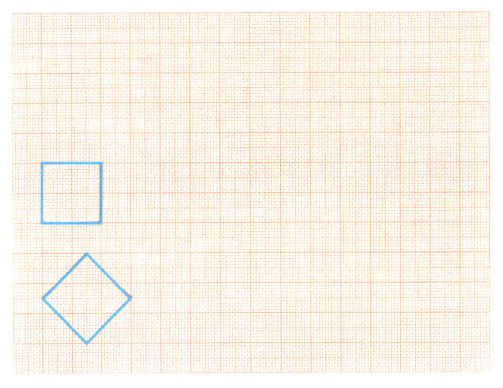

지금까지 알아본 결과를 그림으로 나타내면 다음과 같다.

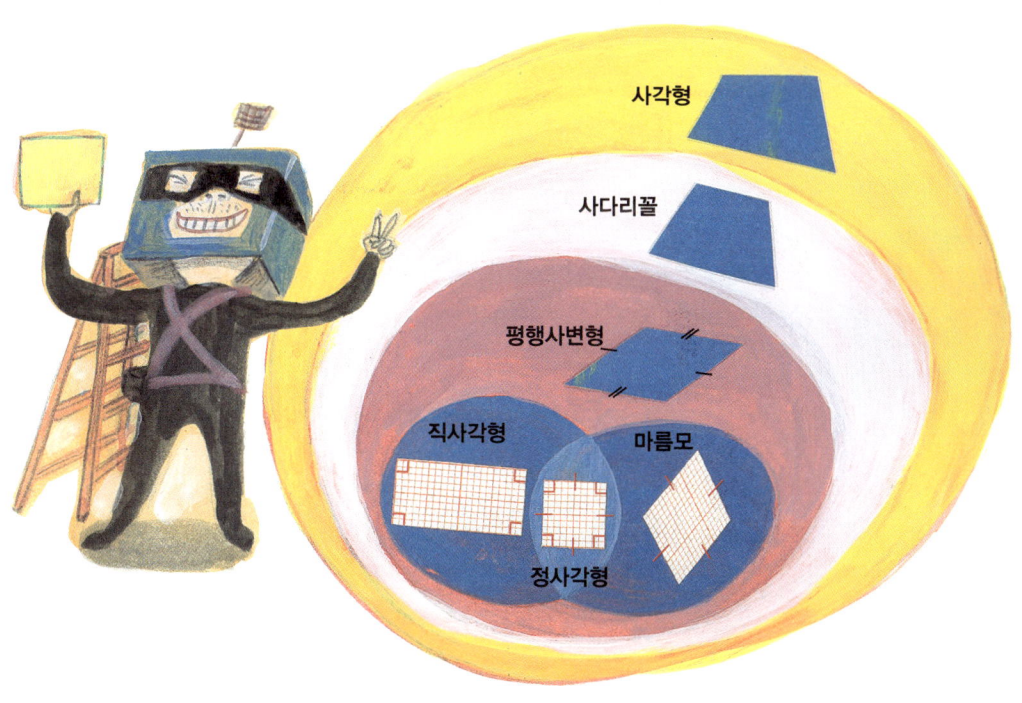

다음 사각형들의 정체는 무엇일까?

사각형이고, 사다리꼴이고, 평행사변형이고, 마름모이다.
하지만 정사각형은 아니다.

사각형이고, 사다리꼴이다.
하지만 평행사변형, 마름모, 정사각형은 아니다.

단지 사각형이라는 것 말고는 큰 특징이 없다.

사각형이고, 사다리꼴이고, 평행사변형이고, 직사각형이다.
하지만 네 변의 길이가 서로 같지 않으므로 마름모는 아니다.

사각형이고, 사다리꼴이고, 평행사변형이다.
하지만 직사각형도 아니고, 마름모도 아니다.

사각형이고, 사다리꼴이고, 평행사변형이고, 직사각형이고, 마름모이고, 정사각형이다.

대각선으로 사각형 그리기

지금까지 사각형의 변들이 서로 평행인지, 수직인지, 변의 길이가 같은지 다른지에 따라 사각형을 분류했다. 사각형의 또 다른 특징은 대각선이 있다는 것이다.

이번에는 대각선을 이용해서 사각형의 특징을 알아보자. 이 대각선들의 끝점을 이어 사각형을 그리면 다음과 같다.

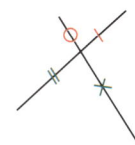 두 대각선이 서로 만난다. 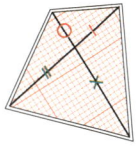 사각형

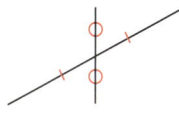 두 대각선이 중점에서 만난다. 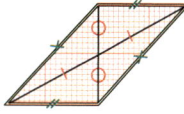 평행사변형

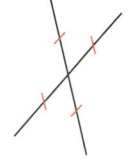 길이가 같은 두 대각선이 중점에서 만난다. 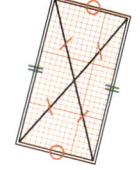 직사각형

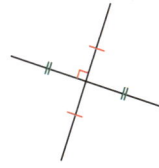 두 대각선이 중점에서 수직으로 만난다. 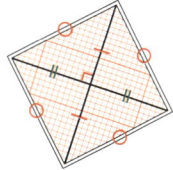 마름모

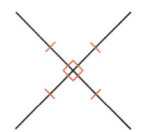 길이가 같은 두 대각선이 중점에서 수직으로 만난다. 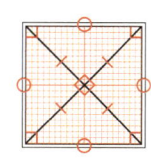 정사각형

사각형을 만들어라

①번 사각형에는 삼각형 2개와 사각형 2개가 있다. A, B, C, D를 잘라서 ②번 사각형을 만들 수 있을까?

만들 수 있다고 생각하면 실제로 만들어 보자.

만들 수 없다고 생각하면 그 이유가 무엇인지 설명해 보자.

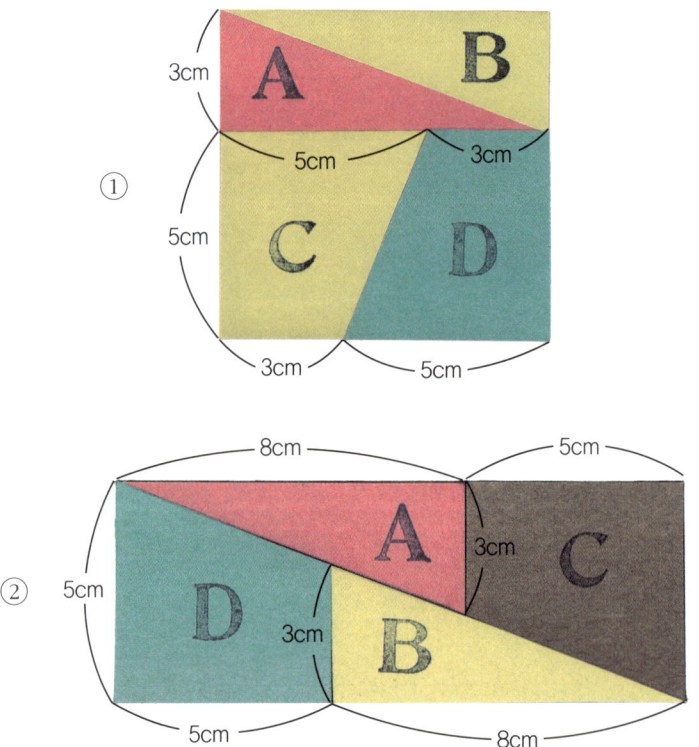

톡톡 수학 게임
큰 도형은 작은 도형의 몇 배일까?

먼저 정사각형을 그리고 그 정사각형 안에 꼭 들어맞는
원을 그린 다음, 원의 지름을 대각선으로 하는 정사각형을 그렸다.
바깥쪽 정사각형의 크기는
안쪽 작은 정사각형 크기의 몇 배가 될까?

역사 속 수학
페르시아의 수학자, 오마르 카얌

도형을 공부한 우리는 "삼각형의 세 내각의 합은 두 직각이다."나 "사각형의 네 내각의 합은 360°이다."를 당연한 것으로 받아들인다. 그런데 만약 이것이 참이 아니라면 어떻게 될까? 예를 들어 어떤 삼각형의 내각의 합이 180°가 아니라 175°라는 사실이 뒤늦게 밝혀진다면, 도형의 세계는 온통 뒤죽박죽되고 말 것이다.

수학자들이 어떤 주장이 참이라는 것을 논리적으로 완벽하게 증명하기 위해 골몰하는 이유가 바로 여기에 있다. 누군가 "이등변삼각형의 두 밑각은 같다."고 주장할 때 그림을 몇 개 그려서 확인해 보고는 "아, 정말 그렇구나." 하고 넘어가는 것은 수학이 아니다. 엄격한 근거가 있어야 하는 것이 수학이다.

우리가 이 단원에서 배운 사각형의 성질을 밝혀내고 증명하기 위해서도 수많은 학자가 오랫동안 연구를 계속해 왔다. 그 가운데 눈에 띄는 기여를 한 사람이 바로 페르시아의 수학자 오마르 카얌(Omar Khayyam, 1050~1123)이다. 오마르 카얌도 다른 수학자들처럼 유클리드 《원론》의 '평행선의 공리'를 증명하는 데 매달렸다.

오마르 카얌
'천막을 만드는 사람'이라는 뜻을 지닌 오마르 카얌은 《루바이야트》라는 시집을 내기도 했다.

오마르 카얌은 '평행선의 공리'를 "직각이등변사각형에서 나머지 두 각은 무슨 각일까?"를 구하는 문제로 바꿔 생각했다.

> **평행선의 공리**
>
> 직선 하나가 다른 직선 2개를 가로지를 때, 같은 방향에 있는 각의 합이 180°보다 작으면 언젠가 두 직선이 서로 만난다.

이 문제를 풀려면 먼저 두 각의 크기가 서로 같은지 다른지를 밝히고, 다음으로 두 각의 크기가 예각인지, 직각인지, 둔각인지를 알아내야 한다. 이것은 꽤 어려운 일이다.

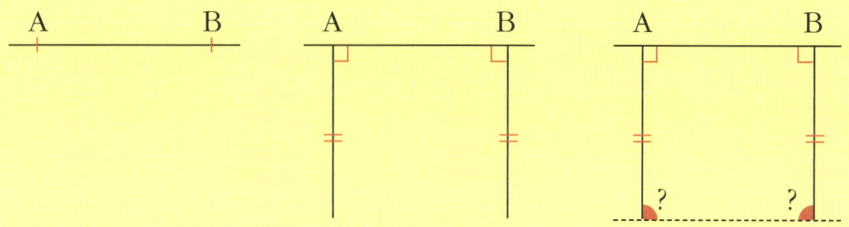

물론 우리는 아주 쉽게 "두 각의 크기는 같고, 두 각은 직각이다." 하고 답을 말할 수 있다. 하지만 이것은 다른 공간에서는 참이 아닐 수 있다. 평면 공간에서만 참인 것이다.

지금 우리가 너무도 당연하게 여기는 이 같은 원리를 밝히고 증명하기 위해 오마르 카얌을 비롯한 동서양의 많은 수학자가 엄청난 열정과 노력을 바쳤다는 사실을 기억해 두자.

7 다면체

생활 속에서 자주 접하는 물건을 간단한 그림으로 그려 보자.
고깔모자는 원뿔, 주사위는 정육면체로 그릴 수 있다.
이처럼 다양한 물건의 공통되는 특징을 단순하게 표현한 것이
도형이다. 우리가 손으로 만질 수 있는 물건들에는
두께가 있다. 이처럼 두께가 있는 도형을 입체도형이라고 한다.
다면체는 이러한 입체도형 중에서 다각형인 면만으로 이루어진
도형을 말한다.

초등 1-1	초등 5-1	초등 6-1	중학 1-2
여러 가지 모양	직육면체	각기둥과 각뿔	입체도형

스토리텔링 수학

'상자'와 '상자 모양'의 차이

새 학기가 시작되었다. 윤아는 새로운 각오를 다지며 책상을 정리하고 있었다. 필통과 가방, 책상 서랍 여기저기에 흩어져 있던 필기도구를 한데 모았다.

"이것들을 다 어디에 담지? 적당한 상자가 없을까?"

이때 엄마께서 뚜껑이 달린 화장품 갑을 가져다주셨다.

"고맙습니다!"

그런데 뚜껑을 닫고 보니 필기도구를 잘 찾을 수 없을 것 같았다.

그때 동생 윤지가 미술 시간에 만들었다며 도자기 필통을 내밀었다.
"언니, 이거 가져. 선물이야."
"정말? 고마워!"
한쪽 구석에서 큐브를 맞추던 막내 윤후가 누나를 쳐다보며 물었다.
"누나. 이 큐브는 상자야, 아니야?"
"그 큐브는 상자 모양이야."
"뚜껑도 없고 안에 뭘 넣을 수도 없는데, 왜 상자 모양이라고 해?"
"음, 그게 말이야……."

'상자'는 재질과 용도는 달라도 안에 물건을 넣을 수 있다. 뚜껑이 따로 있기도 하고, 몸통에 붙어 있기도 하며, 아예 뚜껑이 없는 것도 있다. 주사위나 큐브처럼 생긴 모양을 '상자 모양'이라고 한다. 생활 속에서의 상자는 어떤 물건을 담을 수 있는 물건이지만 수학에서의 상자 모양은 정육면체처럼 생긴 도형을 말한다.

개념과 원리
입체도형과 다면체

입체도형과 물건의 차이

다음은 일상생활 속에서 볼 수 있는 여러 가지 물건이다. 이 물건들은 쓰임새도 다르고 재료도 다르며, 모양도 제각각이다. 하지만 비슷한 형태를 가진 물건끼리 모을 수 있다.

어떤 물체의 특징을 나타내기 위해 그림을 사용하는데, 그와 같은 그림을 도형이라고 한다. 도형은 그림을 통해 모양의 특징을 보여 주고, 모양들의 관계를 설명하는 것이다.

머릿속에만 존재하는 수 3을 나타내기 위해 숫자 3을 사용하듯이, 상상 속에만 존재하는 도형을 나타내기 위해 그림을 사용하는 것이다.

물건을 입체도형으로 나타내기

도형은 크게 입체도형과 평면도형으로 나눈다. 입체도형은 두께가 있고, 평면도형은 두께가 없다. 물건의 그림자는 두께가 없고 형태만 있으므로, 평면도형을 상상할 때는 그림자를 생각하면 된다.

그런데 우리가 손으로 만질 수 있는 모든 물건에는 두께가 있다. 입체도형은 실제 물건 형태의 특징을 살려서 표현한 것이다.

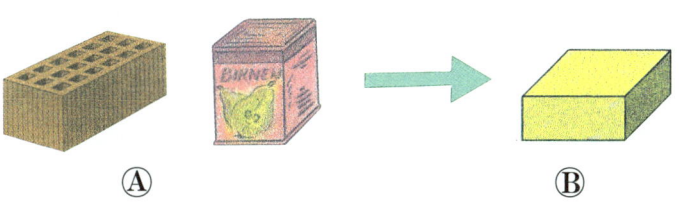

재료는 다르지만 Ⓐ는 모두 직육면체이고, 밑면과 옆면이 서로 수직이다. 이런 특징만 살려서 간단히 Ⓑ로 나타내자. 이렇게 해서 물건을 도형으로 표현했다. 직사각형 6개로 이루어져 있고, 밑면과 옆면이 서로 수직인 도형을 직육면체라고 한다.

'직육면체'의 '직'에는 이 도형을 이루는 것이 '직'사각형이라는 뜻도 있고, 밑면과 옆면이 서로 '직'각이라는 뜻도 있다. 밑면과 옆면이 서로 수직이 아니면 기울어진 도형이 될 것이다.

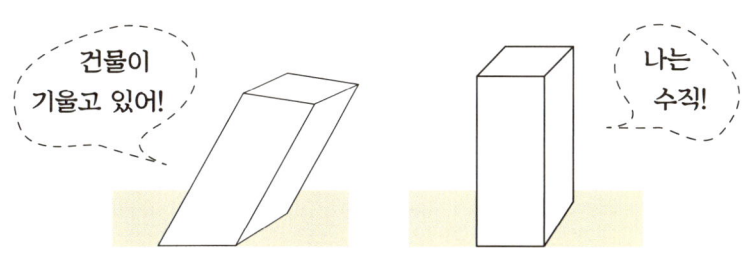

직육면체 중에서 6개의 면이 모두 정사각형인 것을 정육면체라고 한다.

아래 그림을 보자. ⓒ는 두 밑면이 원 모양이고 크기가 같으며, 바닥에서 직각으로 세워져 있다. 따라서 ⓓ와 같이 나타낼 수 있다. 이 도형은 원기둥이다. 이때 밑면과 옆면은 서로 수직이다.

아래 그림에서 ⓔ는 밑면이 원이고 바닥과 수직이다. 따라서 ⓕ와 같이 나타낼 수 있다. 이 도형은 원뿔이다. 이때 밑면의 중심과 꼭짓점을 이은 선이 밑면과 수직이므로, 원뿔 중에서도 '직원뿔'이다.

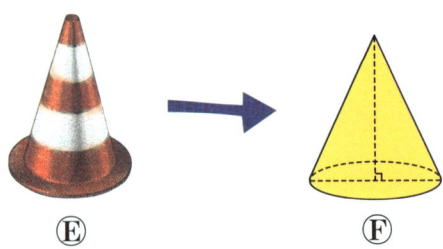

축구공은 어떤 도형으로 나타낼 수 있을까?

축구공은 육각형과 오각형으로 이루어져 있다. 따라서 아래 그림의 Ⓗ와 같이 나타낼 수 있다. 이 도형의 면의 수는 32개이므로 삼십이면체이다. 축구공은 실제로는 '공'이지만, 도형으로 본다면 구가 아니라 다면체이다. 실제 축구공은 바람이 들어가서 잘 굴러가지만, 만약 32개의 면을 모두 철판으로 만든다면 잘 굴러가지 않을 것이다.

Ⓖ   Ⓗ

그렇다면 지구의는 어떤 도형으로 나타낼 수 있을까? 지구의는 완전히 둥근 모양은 아니지만, 공에 가깝다. 따라서 아래 그림의 Ⓙ로 나타낼 수 있다. 이것을 구라고 부른다.

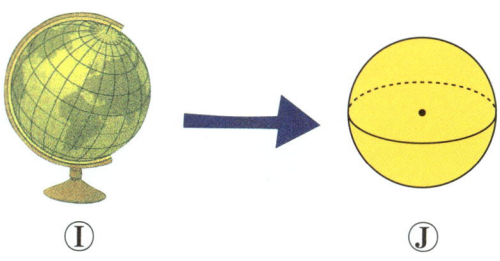

Ⓘ   Ⓙ

이처럼 실제 생활 속 물건들을 여러 가지 도형으로 나타낼 수 있다.

입체도형 분류하기

여러 가지 입체도형은 다음과 같이 분류할 수 있다. 다각형인 면으로만 둘러싸인 입체도형을 다면체라고 한다.

다면체는 면의 수에 따라 이름을 붙인다. 면의 수가 4개이면 사면체, 면의 수가 100개이면 백면체라고 한다.

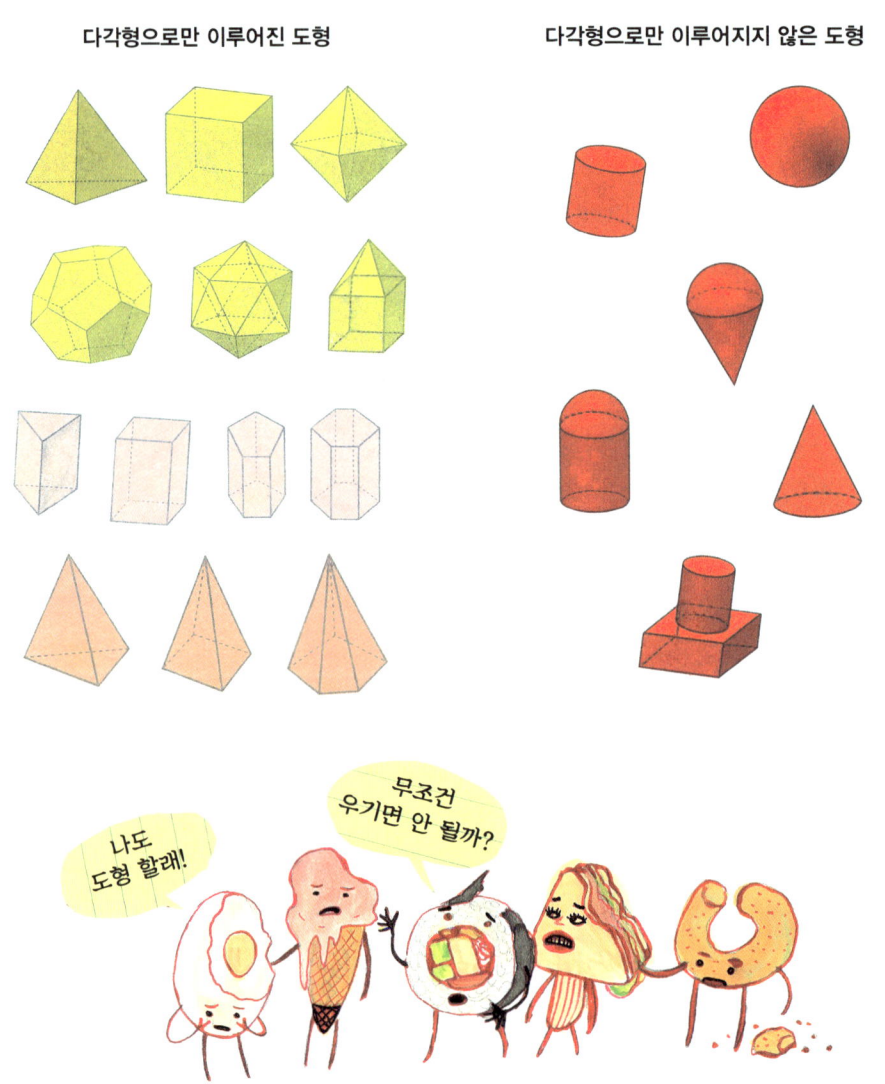

각기둥

다면체 중에는 평행하고 크기가 같은 한 쌍의 면을 가진 도형이 있다. 이런 도형을 각기둥이라고 하고, 평행한 두 면을 밑면이라고 한다. 두 밑면 사이의 거리가 각기둥의 높이이다.

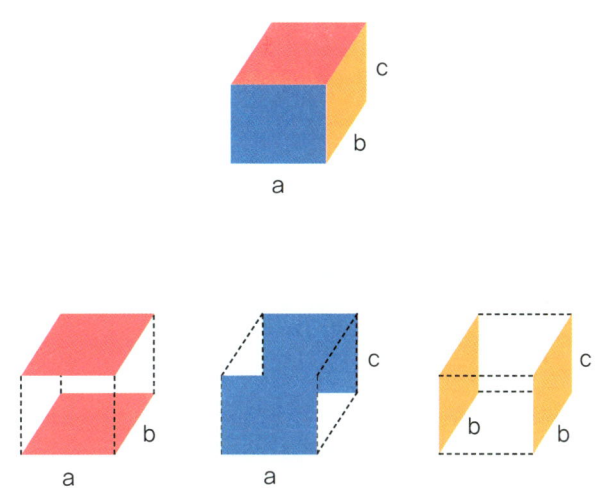

밑면은 높이를 잴 수 있는 '기준이 되는 면'이라는 뜻이다. 밑면이 위나 옆으로 그려져 있어도 밑면이고, 밑면과 높이는 서로 수직이다.

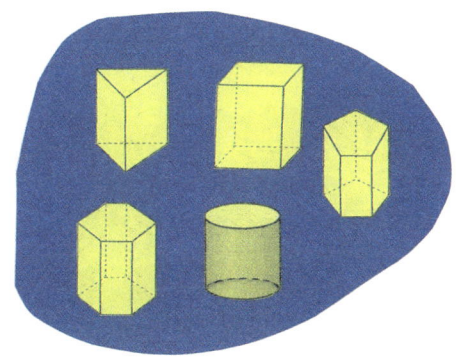

기둥 중에서 밑면이 삼각형이고 옆면이 직사각형이면 삼각기둥, 밑면이 사각형이고 옆면이 직사각형이면 사각기둥이다. 옆면이 직사각형이 아니면 기울어진 기둥이 된다. 밑면이 원이면 원기둥이다.

각뿔

다면체 중에서 밑면이 하나이고, 이 밑면과 마주 보며 밑면에 수직인 하나의 꼭짓점을 가진 도형을 각뿔이라고 한다.

밑면이 삼각형이고 옆에 이등변삼각형 3개를 모으면 삼각뿔, 밑면이 직사각형이고 옆면이 이등변삼각형이면 사각뿔이다. 옆면이 이등변삼각형이 아니면 기울어진 뿔이 된다. 하지만 밑면이 원이고, 옆면을 펼치면 부채꼴이 되는 도형은 각뿔이 아니라 원뿔이다.

정다면체

다면체 중에는 그 다면체를 이루는 면의 모양이 한 가지인 경우도 있고 그렇지 않은 경우도 있다. 또 한 꼭짓점에 모이는 면의 수가 똑같은 도형도 있고, 그렇지 않은 도형도 있다.

꼭짓점에 모이는 면의 수

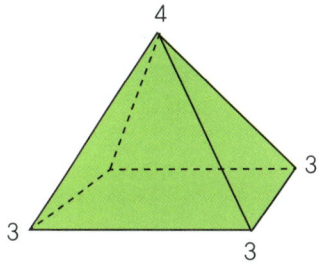 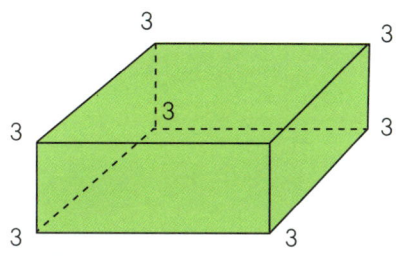

꼭짓점에 모이는 면의 모양

예를 들어, 오면체인 왼쪽 도형을 이루는 면의 모양은 삼각형과 사각형 두 가지이다. 그리고 모이는 면의 수가 4개인 꼭짓점도 있고 3개인 꼭짓점도 있으므로, 한 꼭짓점에 모이는 면의 수가 모두 똑같지는 않다.

한 꼭짓점에 모이는 면의 수는 같지만, 면의 모양이 한 가지가 아닌 다면체도 있다. 오른쪽 도형의 모든 꼭짓점에는 똑같이 3개의 면이 모이지만, 그 면의 모양은 한 가지가 아니라 두 가지 모양의 직사각형이다.

그러나 한 꼭짓점에 모이는 면의 수도 같고, 면의 모양도 한 가지의 정다각형인 다면체도 있다. 이런 다면체를 정다면체라고 한다.

정다면체는 정사면체, 정육면체, 정팔면체, 정십이면체, 정이십면체 5가지밖에 없다.

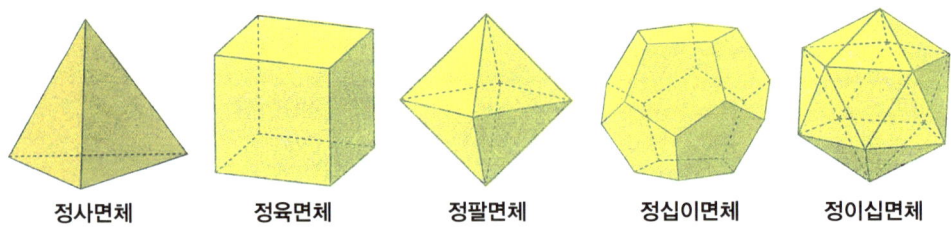

정사면체   정육면체   정팔면체   정십이면체   정이십면체

정다면체가 5가지밖에 없는 이유

정다면체가 되려면 먼저 모든 면이 정다각형이어야 한다. 또 한 꼭짓점에서 만나는 정다각형의 개수가 3개 이상이어야 하고, 그 수가 모두 같아야 하며, 여러 면이 만나서 꼭지각을 이룰 때 그 합이 360°보다 작아야 한다. 각의 합이 360°가 되면 평면이 되어 버리므로 입체를 만들 수 없게 된다.

1. 한 면이 정삼각형인 경우, 한 꼭지각의 크기가 60°이기 때문에 각 꼭짓점에는 정삼각형이 3개, 4개, 5개 모일 수 있다. 만약 정삼각형 6개가 모이면 360°가 되어 완전히 펼쳐지므로 입체도형을 만들 수 없다. 따라서 각 면이 정삼각형인 다면체는 한 꼭짓점에 정삼각형이 3개 모인 정사면체, 정삼각형이 4개 모인 정팔면체, 정삼각형이 5개 모인 정이십면체뿐이다.

2. 한 면이 정사각형인 경우, 한 꼭지각의 크기가 90°이기 때문에 각 꼭짓점에는 정사각형이 3개씩 모여서 입체도형을 만들 수 있다. 하지만 4개가 되면 360°가 되어 입체도형을 만들 수 없다. 따라서 각 면이 정사각형인 다면체는 정육면체 한 가지밖에 없다.

3. 한 면이 정오각형인 경우, 한 꼭지각의 크기가 108°이므로 각 꼭짓점에 3개의 정오각형이 모여서 입체도형을 만들 수 있다. 각 면이 정오각형인 다면체는 정십이면체 한 가지밖에 없다.

정다면체	면의 모양과 개수	꼭짓점의 수	모서리의 수
정사면체	정삼각형 4개가 3개씩	$(3 \times 4) \div 3 = 4$개	$(3 \times 4) \div 2 = 6$개
정육면체	정사각형 6개가 3개씩	$(4 \times 6) \div 3 = 8$개	$(4 \times 6) \div 2 = 12$개
정팔면체	정삼각형 8개가 4개씩	$(3 \times 8) \div 4 = 6$개	$(3 \times 8) \div 2 = 12$개
정십이면체	정오각형 12개가 3개씩	$(5 \times 12) \div 3 = 20$개	$(5 \times 12) \div 2 = 30$개
정이십면체	정삼각형 20개가 5개씩	$(3 \times 20) \div 5 = 12$개	$(3 \times 20) \div 2 = 30$개

정다면체의 모서리 수와 꼭짓점 수를 통해 면들이 모여 입체를 만드는 과정의 특별한 관계를 알 수 있다.

입체도형을 평면에 나타내기

우리는 어떤 입체를 위, 아래, 앞, 뒤, 왼쪽, 오른쪽까지 동시에 볼 수 없다. 하지만 겨냥도를 그리면 전체 모양을 볼 수 있다. 겨냥도는 보이는 곳은 실선으로, 보이지 않는 곳은 점선으로 그려서 어떤 입체의 전체적인 모양을 알 수 있게 그린 그림을 말한다.

입체도형의 모서리를 따라 잘라 펼쳐서 평면에 그린 그림은 전개도라고 한다.

어떤 입체의 단면이란 그 입체를 지나는 어떤 평면이 이 입체와 만나서 생기는 면을 말한다. 단면을 통해 그 공간에서 점, 선, 면의 관계를 알 수 있다.

때로는 위에서 내려다본 그림인 평면도가 필요하다. 예를 들어 집의 구조를 알려면 다음과 같은 평면도를 보아야 한다.

지도를 보면 어떤 땅이 얼마나 넓은지는 알 수 있다. 하지만 얼마나 높은지는 알기 힘들다. 이럴 때에는 단면도가 필요하다. 단면도를 통해 땅의 높고 낮음과 모양을 알 수 있다.

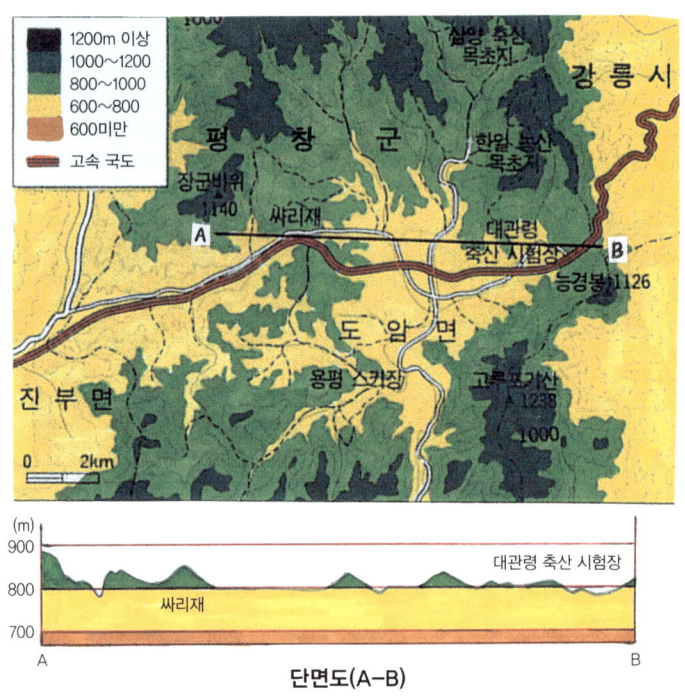

단면도(A-B)

속을 들여다보아야 할 때에도 단면도가 필요하다.

꽃의 단면도

마이산의 평면도를 그려라

창의 융합 사고력

다음 마이산 사진을 보면 꼭대기의 모양은 알 수 있지만 뒤쪽이 어떻게 생겼는지 알 수 없다. 따라서 마이산 전체를 이해하려면 평면도나 단면도가 필요하다. 마이산을 위에서 본 평면도를 그려 보자.

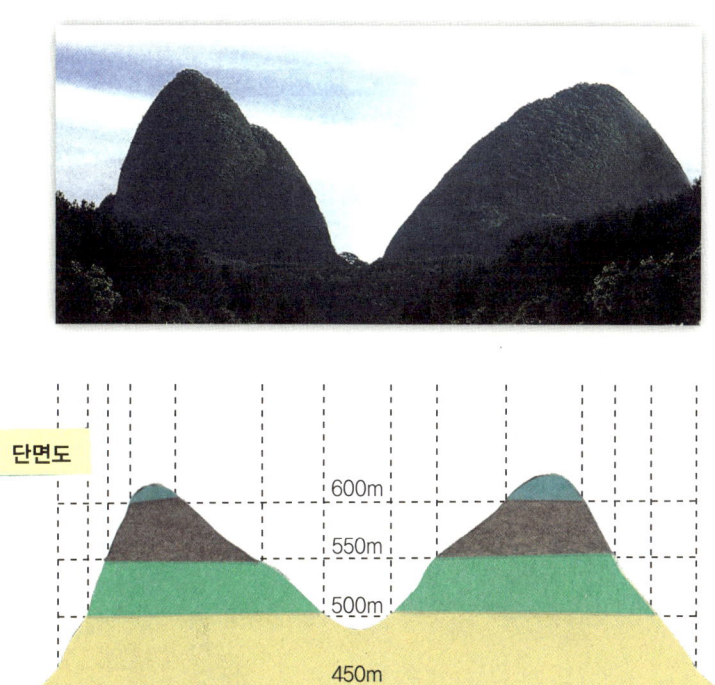

단면도

역사 속 수학

기하학과 유클리드

유클리드

도형의 여러 가지 성질을 연구하는 학문을 '기하학'이라고 한다. 이집트에서 발달한 토지 측량술이 기하학의 기원이 되었다. 그래서 기하학을 뜻하는 영어 'geometry'는 '토지(geo)'와 '재다(metry)'를 합친 말이다.

기하학은 기원전 300년 무렵에 활동했던 고대 그리스의 수학자 유클리드(Euclid, 기원전 330~기원전 275)에 의해 크게 발전했다. '기하학의 아버지'라 불리는 유클리드는 당시 이집트의 왕이었던 톨레미 1세의 초청을 받아 알렉산드리아 대학의 교수가 되었다. 그곳에서 유클리드는 기하학 교과서로 유명한 《원론》을 썼다. '수학의 바이블'이라고 불리는 《원론》은 성경 다음으로 많은 사람에게 읽혔으며, 지금도 대단한 영향력이 있다.

총 13권으로 구성되어 있는 《원론》에는 모두 465개의 명제가 수록되어 있는데, 유클리드의 면모를 살펴볼 수 있는 일화도 나온다.

유클리드 《원론》의 원본

유클리드 《원론》
1482년 베네치아에서 만들어진 유클리드 《원론》의 최초 인쇄본이다.

어느 날, 제자 가운데 한 사람이 유클리드에게 물었다.

"도대체 기하학을 배워서 어디에다 쓰나요?"

그러자 유클리드는 하인을 불러 이렇게 말했다.

"저 학생에게 동전을 몇 푼 갖다 주어라. 저 친구는 '배운 것'에서 꼭 본전을 찾으려고 하는 사람이니까!"

또 유클리드를 이집트로 초대한 왕 톨레미 1세가 이렇게 물었다.

"기하학의 내용은 너무 어렵네. 나는 왕인데 좀 더 쉽게 배울 수 있는 방법은 없겠는가?"

"기하학에는 왕도가 없습니다."

지금 유클리드가 살아 있다면 "수학을 배워서 어디에 쓸까요? 좀 더 쉽게 배울 수 있는 방법은 없을까요?" 하고 묻는 학생들에게 뭐라고 대답할까?

8 원

화려한 전차 경주가 벌어지던 로마의 콜로세움 같은 경기장을 '원형 경기장'이라고 한다. 원 모양으로 생긴 경기장이라는 뜻이다.
그러나 그것은 단지 원 모양일 뿐 원은 아니다. 수학에서 말하는 원은 컴퍼스로 그린 것처럼, 울퉁불퉁하거나 찌그러지지 않고 완전히 둥근 도형을 말한다. 삼각형에는 정삼각형, 직각삼각형 등이 있고 사각형에는 사다리꼴, 마름모 등이 있는 것처럼 한 다각형이라도 모양은 여러 가지이다. 하지만 원은 오로지 한 가지 모양밖에 없다.

초등 1-2	초등 3-2	초등 6-1	초등 6-2
여러 가지 모양	원	원의 넓이	비율 그래프

스토리텔링 수학

피자와 훌라후프의 차이

"와~ 피자다."

거실에서 훌라후프를 돌리던 수정이가 큰소리로 말하자, 오빠 수용이도 달려 나왔다. 텔레비전 화면에는 염소가 줄에 매인 채 풀을 뜯어 먹는 모습이 나오고 있었다. 피자를 먹으며 텔레비전을 보던 수정이가 오빠에게 말했다.

"저 염소 너무 불쌍하다. 마음껏 움직이지도 못하고……."

수용이가 채널을 돌리자 〈우주의 신비〉라는 프로그램이 방영되고 있었다.

"참 신기해. 조금 전 그 염소처럼 줄을 매달아 놓은 것도 아닌데 어떻게 달이 지구의 주변을 돌 수 있을까?"

"그렇게 궁금하면 책 좀 봐."

샐쭉해진 수정이는 피자를 먹

다 말고 다시 훌라후프 돌리기를 시작했다.

이때 수학 문제집을 풀기 시작하던 수용이가 수정이에게 물었다.

"한 직선이 한 원의 중심을 지날 때, 이 직선과 원이 만나는 점은 몇 개일까?"

"2개."

수정이가 당연하다는 듯 대답했다.

"2개라고? 무수히 많지 않을까?"

누구의 말이 정답일까?

피자는 속이 꽉 차 있는 원 모양이고, 훌라후프는 속이 빈 원 모양이다. 수용이는 피자를 자를 때처럼 원과 직선은 무수히 많은 점에서 만날 것이라고 생각했고, 수정이는 고리 모양의 과자를 자르면 두 점에서 부러지듯이 원과 직선은 서로 다른 2개의 점에서 만난다고 생각했다. 수정이의 답이 맞다. 철사로 고리를 만든 뒤 바닥에 놓고 이 고리에 긴 막대를 놓아 보면 고리와 막대는 두 군데에서 만난다.

개념과 원리

원이란 무엇일까?

원의 개념

다음 도형을 잘 살펴보자.

①은 직선과 곡선으로 이루어져 있다.

②는 곡선으로만 이루어져 있고, 처음과 끝이 만나지 않는다.

③은 곡선으로만 이루어져 있고, 처음과 끝이 만나지만, 엇갈리는 곳도 있다.

④는 곡선으로만 이루어져 있고, 처음과 끝이 만나고, 어긋나지 않지만, 완전히 둥글지 않다.

⑤는 곡선으로만 이루어져 있고, 처음과 끝이 만나며, 서로 어긋나지 않고 완전히 둥글다. 이와 같은 도형을 원이라고 한다.

완전히 둥글다는 것은 어떤 뜻일까?

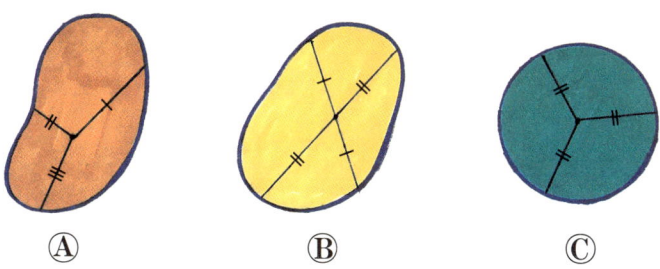

Ⓐ는 한 점에서 곡선에 닿는 거리가 모두 똑같지 않다. Ⓑ도 한 점에서 곡선이 닿는 거리가 모두 똑같지 않다. 하지만 Ⓒ는 한 점에서 곡선의 어느 곳을 이어도 그 거리가 똑같다. 울퉁불퉁하지도 않으며, 길쭉하지도 않고, 완전히 둥근 모양이다. 따라서 Ⓒ가 완전히 둥근 모양이다.

원은 한 점에서 일정한 거리에 있는 점들을 이어서 만든 도형을 말한다. 컴퍼스를 사용하면 원을 정확히 그릴 수 있다.

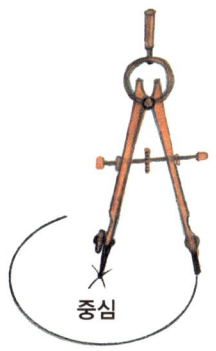

삼각형에는 정삼각형도 있고 직각삼각형도 있으며, 그 모양이 약간씩 다르다. 또 사각형의 모양도 사다리꼴, 평행사변형 등 여러 가지이다. 그러나 원의 모양은 단 한 가지뿐이다.

원의 구성

원의 둘레 어느 곳에서나 닿는 거리가 똑같은 점을 원의 중심이라고 하고, 원의 중심과 원둘레 위의 한 점을 잇는 선분을 반지름이라고 한다. 한 원에서 반지름의 길이는 항상 똑같다. 원 위의 두 점을 잇는 선분을 현이라고 하고, 원의 현 중에서 가장 긴 현을 지름이라고 한다. 지름은 원의 중심을 지나고 반지름의 2배이다. 원 위의 두 점을 원을 따라 이은 곡선을 호라고 한다. 호와 두 반지름으로 이루어진 도형을 부채꼴이라고 하는데, 부채꼴에서 두 반지름 사이의 각을 중심각이라고 한다.

다각형에서는 변과 변 사이의 각을 재지만, 원에서는 부채꼴의 중심각을 잰다. 중심각이 180°인 부채꼴은 반원과 같고, 중심각이 360°인 부채꼴은 원 전체와 같다.

원 찾아보기

입체도형인 원기둥과 원뿔의 밑면은 원이다.

원기둥, 원뿔, 구를 밑면과 평행하게 자르면 원을 볼 수 있다.

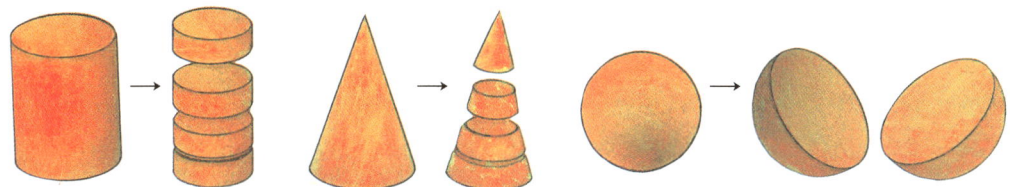

이처럼 원은 입체도형에서 볼 수 있지만, 반드시 원을 입체도형에서만 볼 수 있는 것은 아니다. 미술 시간에 포스터를 그릴 때의 원은 무늬나 평면도형으로서의 원이다. 원이 하나의 기호로 쓰일 때도 있다. 음악 시간에 배우는 악보를 보면, 원이 기호로도 쓰인다는 것을 알 수 있다.

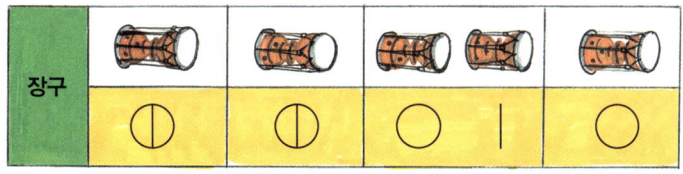

원은 회전을 나타내기도 한다. 회전 방향에는 두 가지가 있는데, 시곗바늘이 움직이는 방향과 같은 '시계 방향'과 그 반대 방향인 '시계 반대 방향'이다. 원과 회전은 〈도형 이동〉 단원에 나온다. 초등학교 2, 3학년 때 배우는 회전 방향은 '시계 방향'이지만, 중·고등학교 때 나오는 회전 방향은 시계 반대 방향이다.

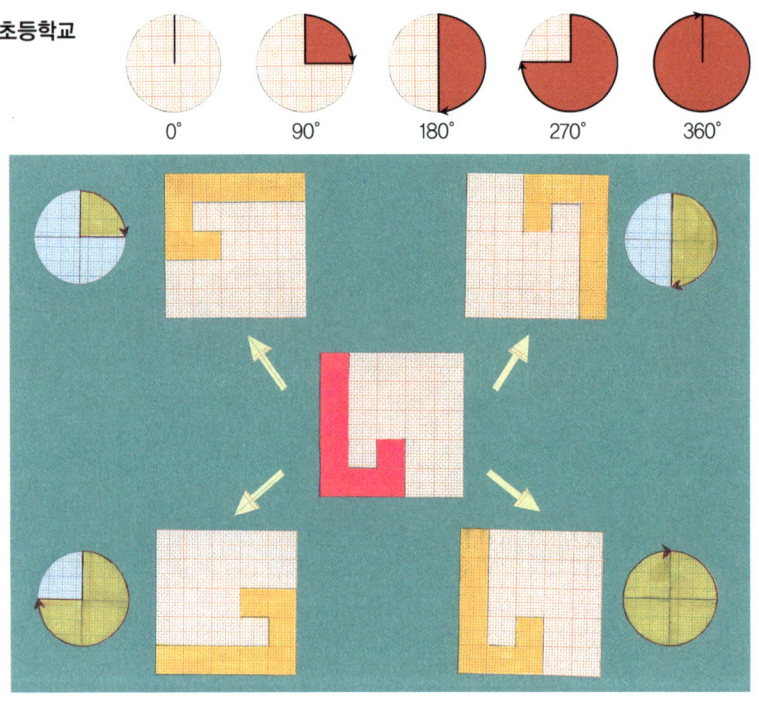

원의 여러 가지 성질

원은 어떤 원이든지 모양이 모두 똑같지만, 반지름에 따라 크기는 달라진다. 다음 형광등 그림을 보면, 두 원의 중심은 같고 반지름은 다르다.

반지름과 둘레

다각형은 변의 수가 많아질수록 점점 원에 가까운 모양이 된다. 다각형은 변으로 이루어져 있고, 원은 곡선이므로 변의 수가 아무리 많아져도 다각형이 원이 될 수는 없다.

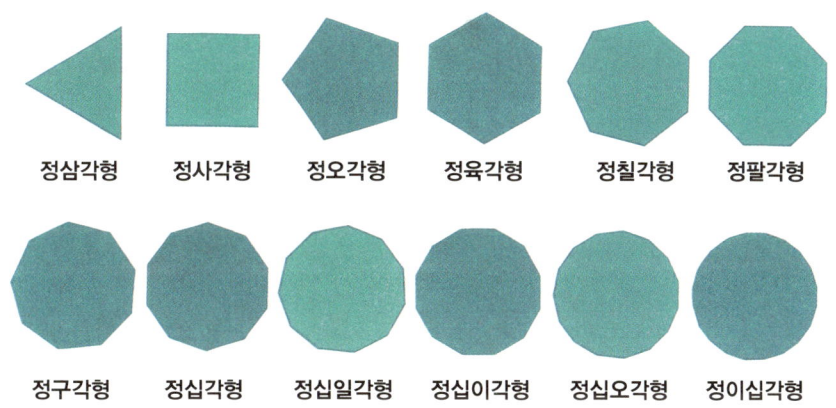

변의 수가 많아지면 다각형이 원과 비슷한 모양이 된다. 따라서 다각형의 둘레를 이용해서 원둘레의 어림값을 구할 수 있다. 다각형의 둘레는 각 변의 길이를 합하면 된다. 원의 안쪽과 바깥쪽에 다각형을 그려서 두 다각형의 둘레를 구하면, 원의 실제 둘레는 그 사이에 있을 것이다. 이런 방법을 아르키메데스의 착출법이라고 한다.

다음 그림의 원의 지름은 1이고 이 원을 둘러싼 다각형의 둘레는 다음과 같다.

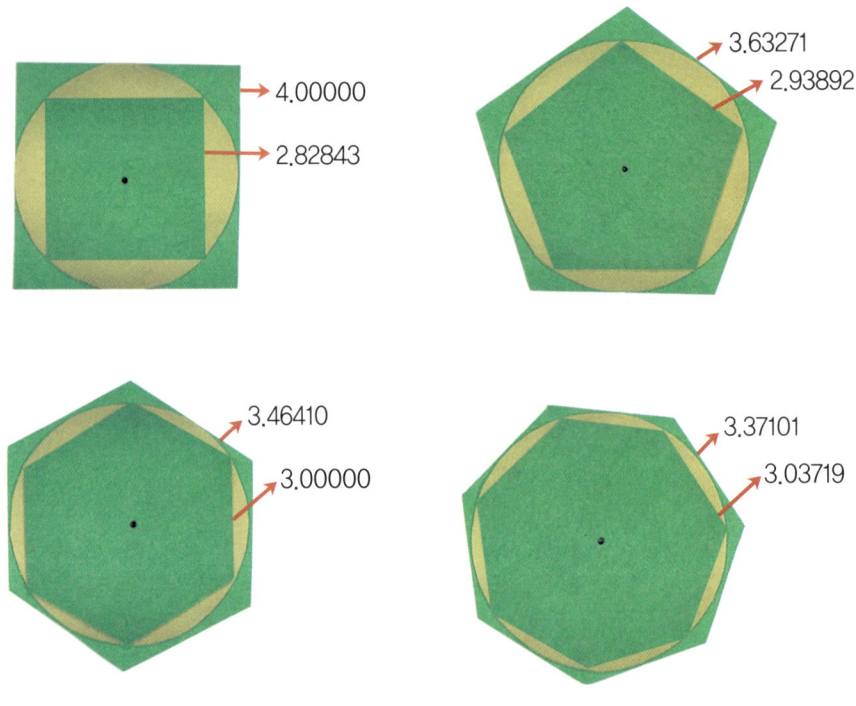

	(안쪽 다각형의 둘레) < (원의 둘레) < (바깥쪽 다각형의 둘레)		
정사각형	2.82843	< (원의 둘레) <	4.00000
정오각형	2.93892	< (원의 둘레) <	3.63271
정육각형	3.00000	< (원의 둘레) <	3.46410
정칠각형	3.03719	< (원의 둘레) <	3.37101

이런 방법으로 계속 알아보면 지름이 1인 원의 둘레가 3.1보다는 크고 3.2보다는 작다는 것을 알 수 있다.

그렇다면 원의 지름이 1이 아닌 경우에는 원의 둘레를 어떻게 구할 수 있을까? 지름의 길이와 원의 둘레 사이에 항상 성립하는 특별한 관계가 있는지 알아보자.

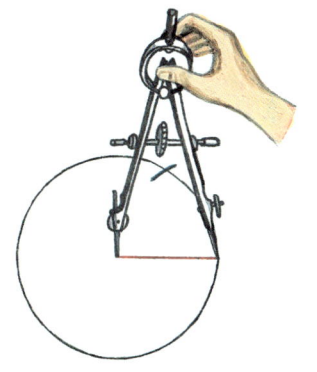

컴퍼스를 이용해서 반지름 간격으로 원둘레에 점을 찍는다.

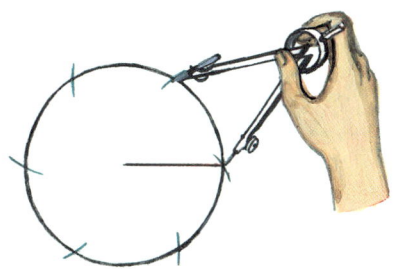

원의 크기에 상관없이 언제나 6개의 점이 찍힌다.

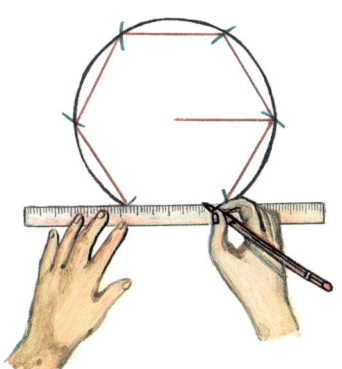

원둘레에 찍힌 점을 연결하면 정육각형을 그릴 수 있다.

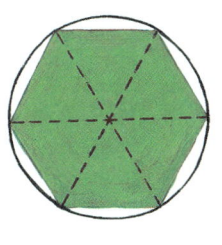

정육각형은 6개의 정삼각형으로 이루어져 있다.

한 원에는 반지름을 한 변으로 하는 정육각형이 들어 있고, 이 육각형은 6개의 정삼각형으로 이루어진다. 정삼각형의 한 내각의 크기는 60°이므로, 원의 중심각은 360°이다.

이 정육각형은 6개의 정삼각형이 모인 것이므로, 이 정육각형의 둘레는 정확히 반지름의 6배이며 지름의 3배가 된다.

그러나 원이 직선이 아니라 곡선으로 둥글게 굽어 있으므로, 원의 둘레를 따라 반지름의 길이와 똑같은 지점에 표시를 하면, 부채꼴의 중심각은 60°보다 약간 작아진다.

이런 식으로 알아보니, 원(정육각형을 바깥으로 감싸는)의 둘레는 반지름의 6배를 조금 넘는다. 곧 지름의 3배가 조금 넘는 약 3.14배가 된다.

곧 원의 크기에 관계없이 항상 원의 둘레는 지름의 약 3.14배인 것이다. 이 수를 원주율이라고 하는데, 원의 크기에 상관없이 원주율은 '항상' 똑같다.

(원둘레) = (지름) × 3.14
　　　　 = 2 × (반지름) × 3.14

원과 비율

부채꼴의 중심각 크기는 비율그래프를 나타낼 때 꼭 알아 두어야 할 개념이다. 원그래프에서 부채꼴의 중심각이 크면 비율도 크다.

원그래프에서 탄수화물을 나타내는 부채꼴의 중심각은 몇 도일까?

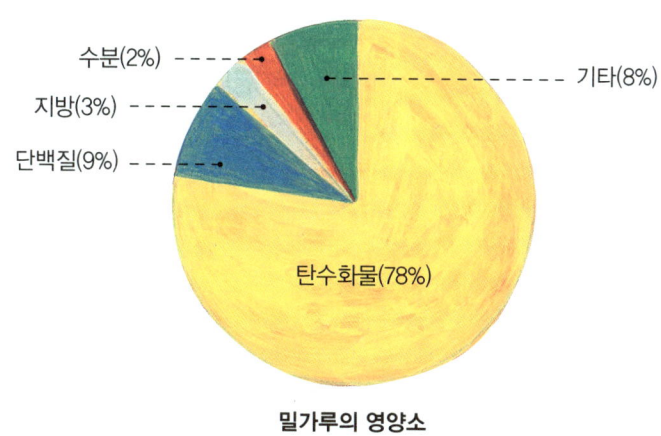

밀가루의 영양소

100이 기준일 때 탄수화물이 78이므로, 전체를 360으로 할 때 부채꼴의 중심각은 다음과 같이 계산한다.

$$100 : 78 = 360 : \blacksquare$$
$$78 \times 360 = 100 \times \blacksquare$$
$$\blacksquare = 280.8$$

내항의 곱은 외항의 곱과 같다.

따라서 탄수화물을 나타내는 부채꼴의 중심각은 280°를 조금 넘는다.

두 원이 서로 맞물려서 회전할 때, 반지름과 회전수 사이에는 특별한 관계가 있다. 예를 들어 12개의 톱니를 가진 톱니바퀴와 18개의 톱니를 가진 톱니바퀴가 서로 맞물려 돌아간다고 하자.

큰 바퀴가 2번 돌아 총 36개의 톱니가 돌아가서 처음으로 돌아왔을 때, 작은 톱니바퀴는 3번 돌아 다시 처음으로 돌아온다.

다시 말해, 12와 18의 최소공배수인 36개의 톱니가 돌아갔을 때 두 바퀴는 다시 만난다.

서로 맞물려 돌아갈 때 큰 원은 천천히 돌아도 되지만 작은 원은 더 빨리 돌아야 한다. 따라서 반지름과 회전수는 서로 반비례 관계이다.

다시 말해서, 두 바퀴의 톱니 수 비가 2:3일 때 회전수의 비는 거꾸로 3:2이다.

얼굴 무늬 수막새를 복원하라

창의 융합 사고력

한 기술자가 얼굴 무늬 수막새를 복원하려고 한다. 처음 발굴했을 때 이 수막새는 일부가 부서진 상태였다. 어떻게 하면 이 수막새를 원래 모양대로 복원할 수 있을까? 다음 내용을 참고해서 수막새의 원의 중심을 구해 보자.

현의 중점에서 수직으로 그은 선이 중심을 지난다.

현의 양 끝과 중심을 이은 선분은 반지름이다. 한 원에서 반지름의 길이는 모두 같다. 따라서 처음에 주어진 현과 두 반지름으로 이루어진 삼각형은 이등변삼각형이다.

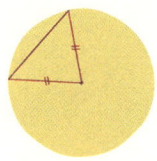 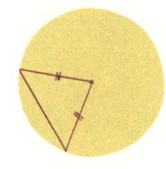 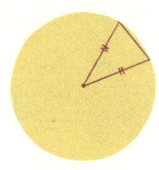

현의 중점에서 이 현과 수직인 직선은 원의 중심을 지난다.

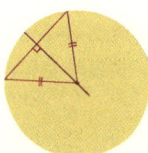 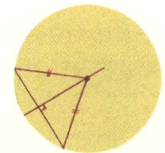 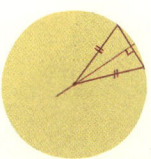

역사 속 수학
원주율의 역사

원주율이란 원의 지름 길이에 대한 원둘레 길이의 비를 말한다. 원의 크기가 달라져도 원주율은 항상 똑같다. 수학에서는 원주율을 'π(파이)'라고 부르는데, π는 그리스 어로 '둘레'를 뜻하는 단어의 첫 글자이다.

원주율을 알아야 원의 둘레와 넓이를 계산할 수 있기 때문에 아주 오래 전부터 수학자들은 이 π값을 알아내는 데 많은 노력을 기울였다. 그 예로 고대 이집트 인들도 이미 원주율을 알고 있었으며, 원주율의 값을 $3\frac{1}{6}$로 정했다. 고대 이집트의 《아메스 파피루스》의 문제 50에는 다음과 같은 내용이 있다.

지름이 9인 원의 넓이는 한 변이 8인 정사각형의 넓이와 같다.

아르키메데스
고대 그리스 최고의 수학자이며 물리학자. 수학과 과학의 원리를 이용해 생활과 전쟁에 필요한 다양한 도구를 만들었으며, 특히 기하학에 관심이 많았다.

(원의 넓이) = (반지름) × (반지름) × (원주율)이므로 $\frac{9}{2} \times \frac{9}{2} \times 3\frac{1}{6}$이고, 그 답은 64.125이다. 한 변이 8인 정사각형의 넓이 64와 거의 비슷하다.

또 1936년 수사(Susa)에서 발견된 고대 바빌로니아의 서판에는 정다각형의 넓이와 둘레의 비율을 구해 원주율을 $3\frac{1}{8}$로 정했다는 사실이 나와 있다.

고대 그리스의 수학자 아르키메데스는 정다각형 둘레의 길이로 원주율을 구했다. 아르키메데스는 원에 내접하거나 외접하는 정구십육각형 둘레의 길이를 구해 원주율이 $3\frac{10}{71}$과 $3\frac{1}{7}$ 사이에 있음을 알아냈다. 이것을 소수로 나타내면 '3.14084 < (원주율) < 3.142858'이 되며, 이 값은 현재 밝혀진 원주율과 비교했을 때 소수 둘째 자리까지 일치한다.

고대 중국에서는 원주율을 경도 3이라고 했다. 유휘(劉徽)는 원주율의 정확한 값을 찾은 중국 최초의 수학자였다. 5세기 중국의 학자 조충지(祖沖之, 429~500)는 자신이 쓴 《철술》이라는 책에서 원주율의 값을 $\frac{355}{113}$까지 계산했다. 우리나라에서는 신라의 학자들이 《철술》을 보고 원에 대해 공부했고, 조선 시대에는 수학자 남병길(南秉吉, 1820~1869)이 원의 넓이를 셈하면서 원주율을 3.1415926535까지 계산했다.

소수가 쓰이기 전에는 원주율을 분수로 나타냈는데, 1882년 독일의 수학자 린데만이 원주율은 무한한 소수라는 것을 증명했다. 지금은 컴퓨터를 사용해서 원주율의 값을 소수점 아래 515억 3960만 자리까지 구할 수 있다.

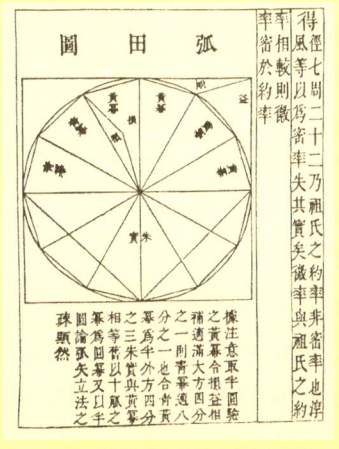

유휘의 원주율 계산법

9 회전체

피겨 스케이팅 선수의 화려한 공중 3회전과 지구의 자전 사이에는 어떤 공통점이 있을까? 바로 '돈다'는 점이다. 그것도 그냥 도는 것이 아니라 하나의 축을 중심으로 돈다는 것이다. 어떤 평면도형을 한 직선을 축으로 회전시켜서 얻는 입체도형을 회전체라고 한다. 회전체는 회전축을 중심으로 양옆이 대칭이고, 회전축에 대하여 수직으로 자르면 언제나 원이 나온다.

초등 1-1	초등 6-2	중학 1-2
여러 가지 모양	원기둥, 원뿔, 구	입체도형

스토리텔링 수학

종이컵을 펼쳐 놓으면?

오늘은 재활용 쓰레기를 버리는 날이다. 재용이와 재현이는 아빠를 도와 재활용품을 분류해서 봉지에 따로따로 담고 있다.

"신문지 더미는 아빠가 정리할게. 너희는 종이 상자를 펼쳐 놓거라."

재용이와 재현이는 과자 상자와 화장지 갑 등을 접다가 두루마리 화장지의 휴지 심과 생일 파티 때 쓴 고깔모자와 종이컵을 발견했다.

"아빠, 이런 건 어떻게 해요?"

"잘 펼쳐서 종이 묶음 위에 놓아라."

가위로 고깔모자를 열심히 자르던 재용이가 신기한 듯 말했다.

"고깔모자를 펼치면 삼각형이 나올 줄 알았는데……. 전혀 아니었네!"

이번에는 종이컵을 펼쳐 보았다.

"어? 종이컵 옆면은 당연히 사다리꼴일 줄 알았는데……."

형 재현이는 두루마리 화장지 휴지 심을 여러 가지 모양으로 자르고 있었다.

이때 양손에 신문지 꾸러미를 든 아빠가 말씀하셨다.

"얘들아, 다했으면 함께 내다 놓고 오자꾸나."

재현이와 재용이는 자신들이 잘라서 펼쳐 놓은 종이를 다시 입체로 만드는 데 열중하느라 아빠의 말씀에는 아랑곳하지 않았다.

고깔모자와 종이컵을 잘라서 펼쳐 놓으면 삼각형이나 사다리꼴이 나오는 게 아니라 원의 일부가 나온다. 재현이가 자른 휴지 심을 보면 옆면의 모양이 여러 가지이지만 이 모양들은 모두 '직사각형으로 만들 수 있다.'는 공통점이 있다. 원기둥의 옆면을 밑면과 수직 방향으로 펼치면 항상 직사각형이 나오기 때문이다.

개념과 원리

회전체란 무엇일까?

회전체의 정의

입체도형 중에서 다면체를 제외한 도형에 대해 알아보자.

다음 도형 중 Ⓐ는 어떤 한 직선을 중심으로 어느 방향에서 보아도 모양이 같은 도형이고, Ⓑ는 그렇지 않은 도형이다.

어떤 평면도형을 한 직선을 축으로 하여 회전해서 얻을 수 있는 입체도형을 회전체라고 한다. 이때 축으로 사용한 직선을 회전축이라고 한다.

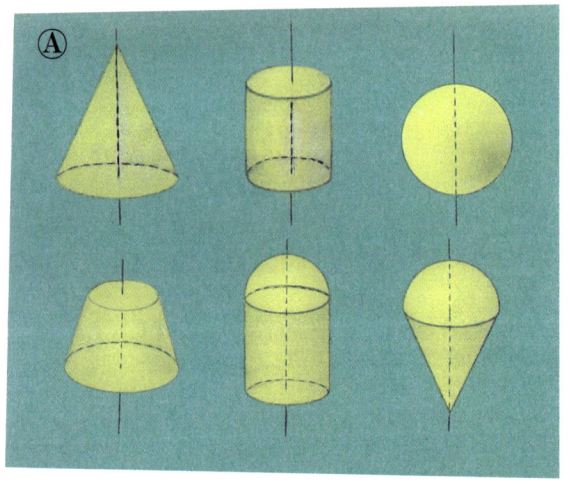

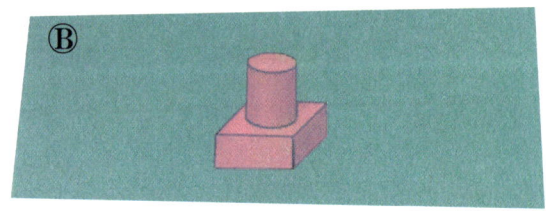

회전체의 특징

평면도형을 회전축을 중심으로 1회전하면 회전체가 나온다. 회전하는 평면도형의 한 변은 회전축에 붙어 있을 수도 있고, 떨어져 있을 수도 있다. 그리고 그 도형은 면일 수도 있고, 선일 수도 있다.

회전에 사용된 선을 모선이라고 한다. 다음 그림에서 원뿔의 꼭짓점과 밑면을 이은 선이 모선이다. 한 원뿔에는 수많은 모선이 있다.

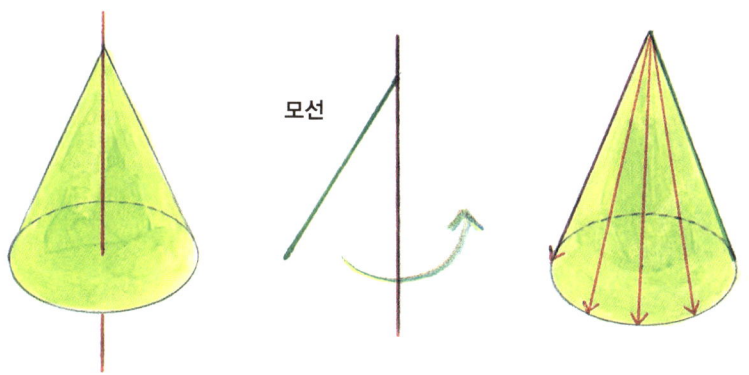

회전체는 회전축을 중심으로 양옆이 대칭이다. 따라서 회전축을 품는 평면으로 자른 단면은 선대칭도형이다.

그리고 회전체를 회전축에 수직인 평면으로 자른 단면의 모양은 항상 원이다.

꽃병을 회전축에 수직인 평면으로 잘랐을 때의 단면은 원이다.

회전체의 가장 큰 특징은 축으로부터 일정한 거리에서 회전한다는 것이다. 거리가 같기 때문에 회전축에 수직인 단면이 원이 되는 것이다.
회전체의 단면이 항상 원이라는 사실은 회전체의 부피를 구하는 기본 원리가 된다. 하나하나의 원이 모여 입체가 만들어지므로, 각 원의 넓이의 합은 입체도형의 부피가 된다.

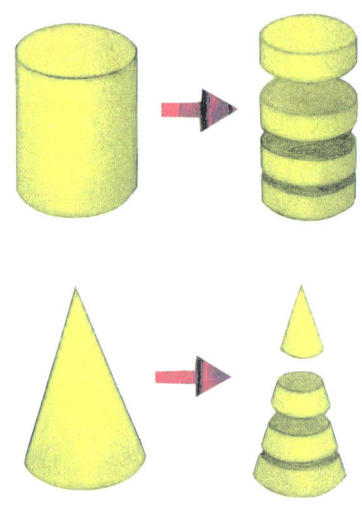

모든 회전체의 공통점을 알아보기 위해 회전체를 잘라서 단면을 살펴보자. 단면에는 다음 두 가지가 있다.

　　① 회전축을 품는 평면으로 자를 때의 단면
　　② 회전축에 수직인 평면으로 자를 때의 단면

여러 가지 회전체의 단면은 다음과 같다.

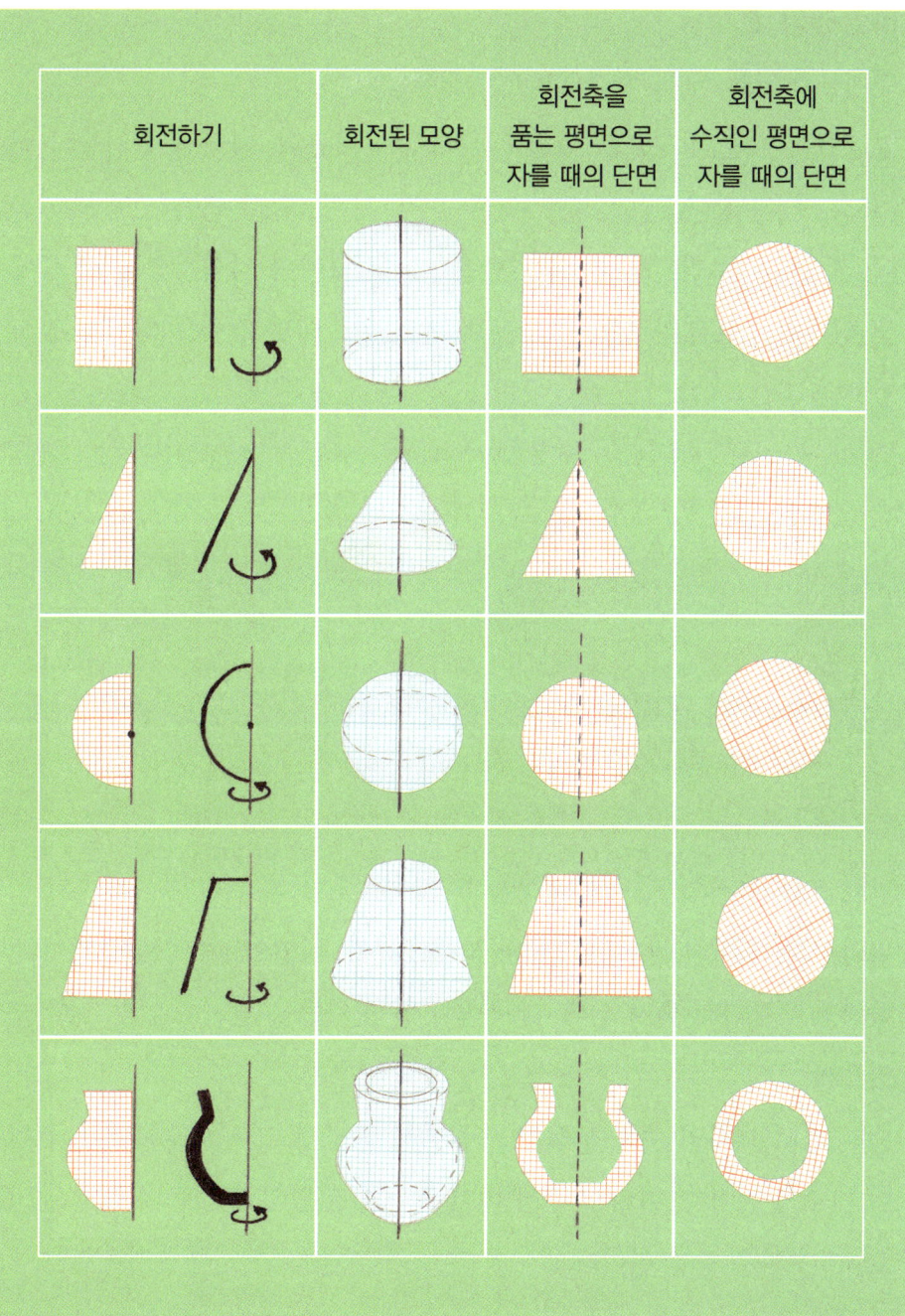

회전체의 전개도

원기둥과 원뿔, 구의 전개도를 알아보자.

Ⓐ를 굴러가는 방향으로 밀면 직사각형이 나온다. 따라서 원기둥의 전개도는 Ⓒ와 같다.

이 전개도를 보면, 원기둥의 옆면은 직사각형이며 직사각형의 변 중에서 원기둥의 옆면과 만나는 변은 밑면의 원둘레와 같아야 한다는 것도 알 수 있다.

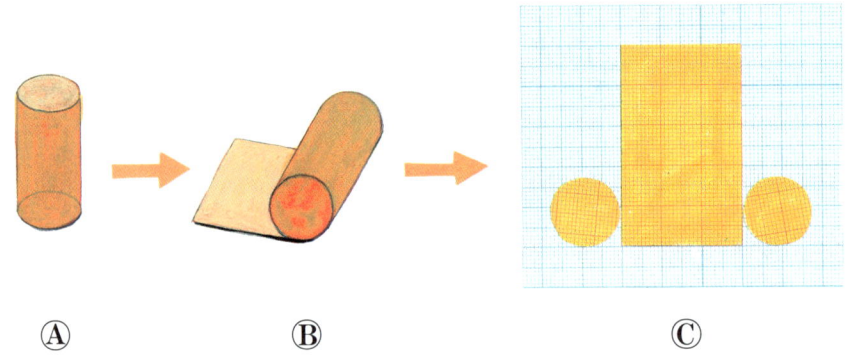

Ⓐ　　　　　Ⓑ　　　　　　　Ⓒ

위와 아래가 막힌 원기둥 모양의 깡통에는 두 밑면이 있고, 모두 원이다. 하지만 두루마리 휴지 심과 같이 속이 빈 원기둥도 밑면이 있다고 할 수 있을까?

휴지 심의 테두리 부분에 물감을 묻혀서 찍어 보면 원이 나온다. 이 원이 바로 밑면이다. 따라서 속이 비어 있어도 원뿔과 원기둥의 밑면은 있고, 그 모양은 항상 원이다.

원뿔의 전개도를 알아보기 전에, 원뿔의 옆면을 잘 살펴보자.

원뿔의 꼭짓점은 하나인데, 이 점에서 밑면까지의 거리는 어디에서나 똑같다. 이 원뿔은 밑면과 높이가 서로 수직이기 때문에 직원뿔이라고 한다. 우리가 수학 시간에 배우는 원뿔은 모두 직원뿔이다.

원뿔의 한 모선을 잘라 펼치면 다음과 같은 모양의 부채꼴이 된다. 원뿔의 모선은 이 원뿔의 옆면을 펼쳤을 때 만들어지는 부채꼴의 반지름이다.

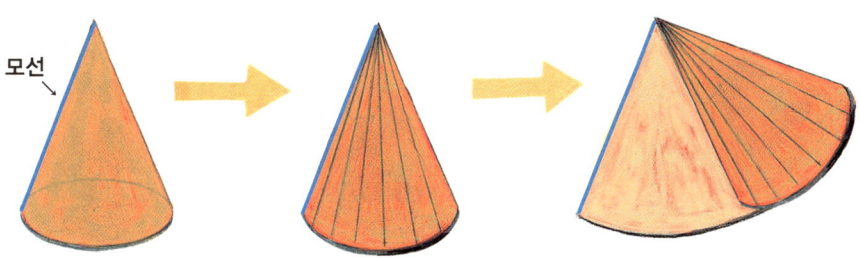

9 회전체 · 151

한 원에서 반지름은 모두 같기 때문에 한 원뿔에서 모선의 길이도 똑같을 수밖에 없다. 그렇다면 삼각형 모양의 색종이를 말아서 원뿔을 만들 수 있을까? 그 삼각형이 이등변삼각형이 아니라면 두 변의 길이가 다르기 때문에 서로 마주 붙이지 못한다. 이등변삼각형을 말아서 원뿔을 만든다 해도, 다음과 같이 기울어지고 모선의 길이가 같지 않다.

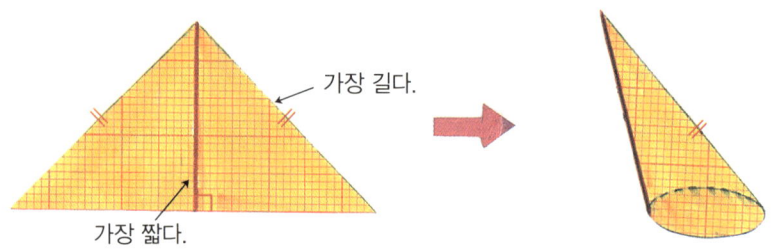

반원의 지름을 회전축으로 하여 1회전하면, 구가 만들어진다. 반원의 중심은 구의 중심, 반원의 반지름은 구의 반지름이다. 구는 어디를 잘라도 원이 나온다. 구는 둥글게 되어 있기 때문에 완전히 펼칠 수 없다. 따라서 구의 전개도는 없다.

창의 융합 사고력
회전체를 만드는 방법은?

다음 세 사람은 모두 회전체를 만들고 있다. 하지만, 만드는 방법이 모두 같지는 않다. 이 방법들 가운데 서로 관련 있는 것은 무엇이라고 생각하는가? 또 관련 있는 두 가지와 나머지 한 가지의 다른 점이 무엇인지 설명해 보자.

① 자현이 할아버지는 가느다란 대나무 여러 개를 모아서 한 방향으로 나란히 엮으셨다. 그랬더니 속이 빈 대나무 원통이 만들어졌다.

② 자현이 아빠는 물레를 돌려 예쁜 항아리를 만드셨다.

③ 자현이는 연날리기를 하기 위해 얼레에 연실을 감고 있다. 가느다란 실을 한 방향으로 계속 감으니까 원기둥 모양이 되었다.

역사 속 수학

자와 컴퍼스, 그리고 원뿔곡선

수학의 세계에서는 풀리지 않는 문제에 많은 수학자가 매력을 느끼곤 한다. 다음 세 가지 문제도 고대 그리스 시대부터 2000여 년 동안 풀지 못한 너무나 유명한 문제이다.

첫째, 주어진 각을 3등분 하기
둘째, 주어진 정육면체보다 부피가 2배인 정육면체 만들기
셋째, 주어진 원과 넓이가 똑같은 정사각형 만들기

이때, 반드시 눈금 표시가 없는 직선 자와 컴퍼스만 사용해야 한다. 각도기나 그 밖의 도구를 사용하면 안 된다. 왜 이 같은 조건이 붙었을까? 직선 자는 기하학의 직선, 컴퍼스는 기하학의 원이라는 추상적 개념을 뜻하기 때문이다.

하지만 이 문제를 컴퍼스와 자로만 풀 수는 없었다. 19세기에 들어와 이 문제들을 자와 컴퍼스로 해결할 수 없다는 것이 증명되었고, 수학자들은 원이 아닌 다른 곡선에 대해서도 관심을 갖게 되었다.

그리스의 수학자 아폴로니우스(Apollonius, 기원전 262~기원전 190)는

《원뿔곡선론》을 써서 기하학의 발전에 크게 이바지했다.

원뿔곡선은 원뿔이 평면과 만나서 만들어 내는 여러 곡선을 말한다. 평면이 원뿔의 어느 부분과 어떻게 만나는가에 따라 각기 다른 모양의 곡선이 만들어진다. 바닥과 평행할 때는 원, 바닥과 비스듬할 때는 타원, 모선과 평행할 때는 포물선, 바닥에 수직일 때는 쌍곡선이 만들어진다.

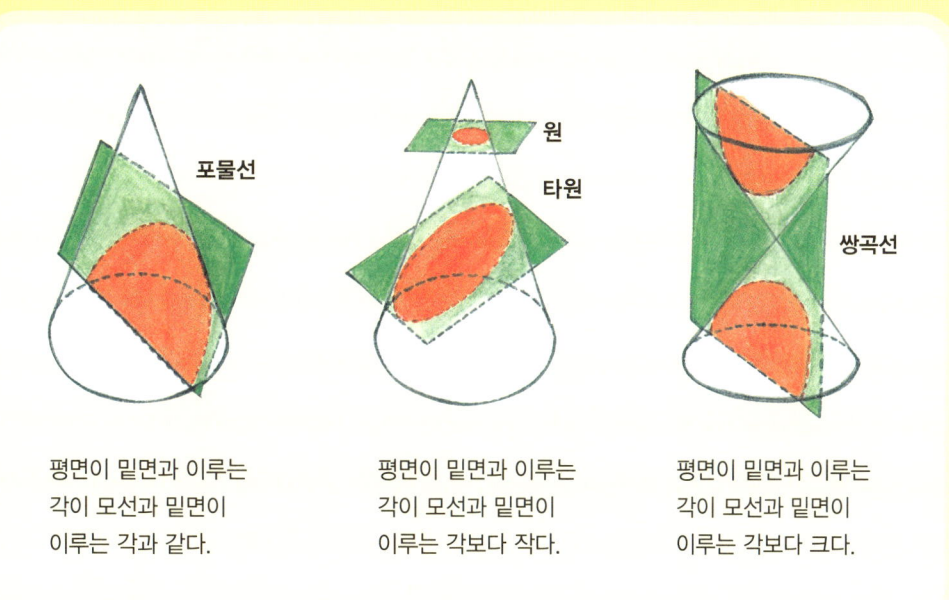

평면이 밑면과 이루는 각이 모선과 밑면이 이루는 각과 같다.

평면이 밑면과 이루는 각이 모선과 밑면이 이루는 각보다 작다.

평면이 밑면과 이루는 각이 모선과 밑면이 이루는 각보다 크다.

아폴로니우스는 그리스 이오니아에서 태어나 알렉산드리아에서 활동한 수학자로 유클리드, 아르키메데스와 함께 수학의 3대 거인으로 불린다. 아르키메데스의 영향으로 원주율을 좀 더 정확히 구하기도 했고, 수학과 천문학에 관해 많은 책을 저술했지만, 지금은《원뿔곡선론》8권만 전해진다.

10 도형과 계산

"저는 연산은 잘하는데 도형은 통 이해가 안 돼요!"

"도형은 쉬운데 계산 문제가 어려워요!"라며 수학을 구분해

생각하는 학생들이 많다. 하지만 수, 계산, 도형, 측정 같은

수학의 모든 영역은 서로 밀접하게 연결되어 있다.

실제 문제를 통해서 도형과 계산이 어떻게

연결되는지를 알아보자.

초등 2-2	초등 2-2	초등 4-1
표와 그래프 →	규칙 찾기 →	규칙 찾기

스토리텔링 수학

삼각형에는 점이 몇 개 있을까?

"삼각형에는 모두 몇 개의 점이 있을까요?"

선생님의 질문이 끝나자마자, 가장 먼저 동수가 손을 들고 자신 있게 대답했다.

"3개요."

이어서 세현이가 기어들어 가는 목소리로 말했다.

"셀 수 없이 많을 것 같은데요."

아이들은 모두 선생님을 쳐다보았다. 하지만 선생님은 바로 대답해 주지 않고 다시 물었다.

"왜 그렇게 생각하는지 이유를 말해 보세요."

동수가 크고 당당한 목소리로 대답했다.

"삼각형은 변도 3개이고, 각도 3개이고, 점도 3개예요. 삼각형이니까요."

교실 안 여기저기서 "동수 말이 맞는 거 아냐?" 하는 웅성거림이 들렸다.

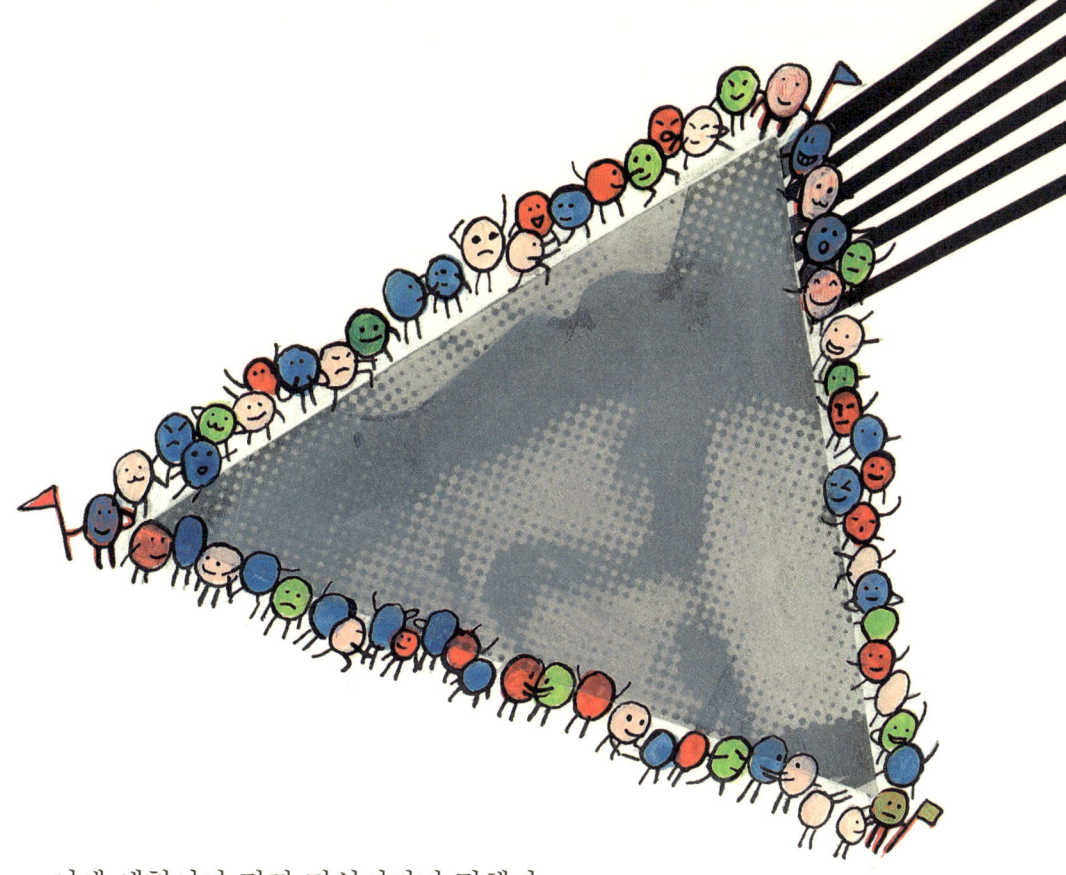

이때 세현이가 잠깐 망설이다가 말했다.

"점들이 모여야 선이 되잖아요. 그러니까 삼각형에는 점이 아주 많이 있을 것 같아요."

"자, 두 사람 가운데 누구의 생각이 옳은지 다 같이 토론해 보세요."

곧이어 교실 안에서는 왁자지껄 대토론이 벌어졌다.

동수네 반 아이들은 어떤 결론을 내렸을까?

흔히 삼각형의 꼭짓점이 3개이므로 삼각형에는 점이 3개밖에 없다고 생각한다. 물론 삼각형에는 꼭짓점이 3개 있지만 꼭짓점만 점인 것은 아니다. 삼각형을 이루는 각 변 위에는 무수히 많은 점이 있다.

개념과 원리
계산과 도형의 연결

계산 문제를 도형으로 풀기

계산의 기본은 덧셈, 뺄셈, 곱셈, 나눗셈이고, 도형의 기본은 점, 선, 면이다. 그리고 수학의 모든 문제에는 계산과 도형이 서로 연결되어 있다. '도로에 나무 심기' 문제를 풀어 보면서, 도형과 계산이 서로 어떻게 연결되는지 알아보자.

양쪽 끝이 막힌 경우

다음은 직선 도로에 나무를 심는 문제이다.

> 길이가 45m인 도로에 5m 간격으로 나무를 심으려고 한다. 도로 양 끝에 반드시 나무를 심어야 한다면, 나무가 모두 몇 그루 있어야 할까?

이 문제에는 '나무와 나무 사이의 간격이 일정해야 한다.'는 조건과 '도로 양 끝에 나무를 심어야 한다.'는 조건이 있다.

성냥개비 여러 개를 이어서 도로를 만들어 알아보자. 성냥개비는 서로 길이가 똑같다. 9개의 성냥개비를 다음과 같이 한 방향으로 나열하면,

성냥개비의 몸통도 9개이고 성냥개비의 머리도 9개라는 것을 쉽게 알 수 있다. 곧, 몸통의 수와 머리의 수는 똑같다.

이번에는 성냥개비의 머리를 '점'이라고 생각해 보자. 그러고 보니 처음에는 점으로 시작했는데, 점으로 끝나지 않았다. 따라서 점으로 시작해서 점으로 끝나려면, 빈 곳을 막아 주는 점이 하나 더 필요하다.

자, 이제 나무 심기 문제로 돌아가 보자. 성냥개비의 머리 자리에 나무가 있다고 생각하면 다음 그림과 같다.

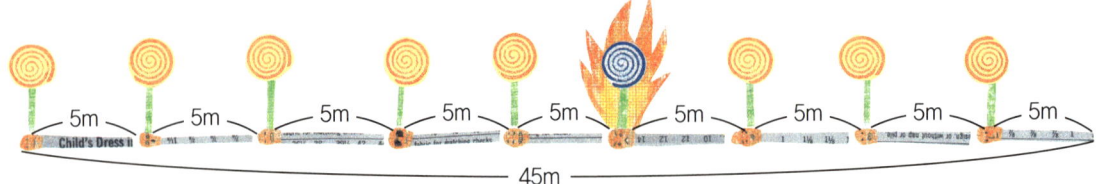

양 끝이 막힌 선분처럼 도로의 양 끝에 나무를 세우려면, 나무 한 그루가 더 필요하다. 따라서 45 나누기 5를 한 것에 1을 더해 주어야 한다.

따라서, (나무의 수) = (간격의 수) + 1

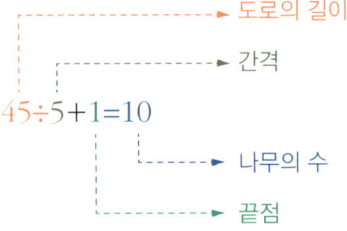

이제 도로에 나무 심기 문제에서 왜 항상 양 끝에 나무를 심어야 한다는 조건이 붙는지를 알게 되었을 것이다.

이 문제에서는 선분의 의미를 이해해야 한다. 선분의 양 끝은 '점'이어야 하므로 도로의 양 끝은 반드시 막혀 있어야 한다.

끝과 끝이 만나는 경우

이번엔 연못 둘레에 나무 심기 문제를 풀어 보자.

> 한 변의 길이가 45m인 삼각형 모양의 연못 둘레에 5m 간격으로 나무를 심으려고 한다. 나무가 모두 몇 그루 있어야 할까?

도로에 나무 심기 문제에서는 비어 있는 한쪽 끝을 막아 주는 나무(점) 한 그루가 더 필요했다. 이 경우도 그럴까? 성냥개비 9개를 이어 삼각형 모양을 만들어 보자.

삼각형은 처음과 끝이 서로 다시 만난다. 따라서 성냥개비를 한 줄로 이을 때와 달리 점 하나를 덧붙이지 않아도 된다. 그러므로 몸통의 수와 점의 수가 서로 같다.

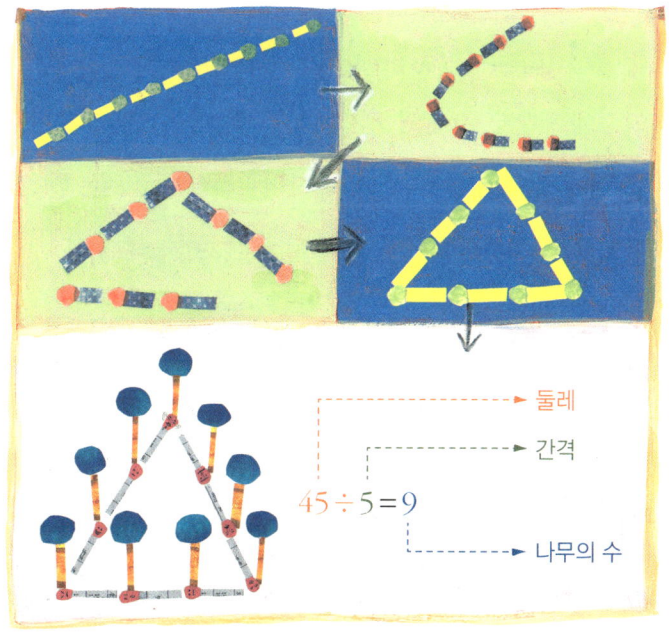

만약 한 변의 길이가 100m인 삼각형 모양의 연못 둘레에 5m 간격으로 나무를 심으려고 한다면, 다음과 같이 계산하면 된다.

$300 \div 5 = 60$

이와 같은 간단한 나눗셈만 하면, 60그루가 필요하다는 것을 쉽게 알 수 있다. 그렇다면 원 모양이라면 어떨까?

> 둘레가 45m인 원 모양의 운동장 둘레에 5m 간격으로 나무를 심으려고 한다. 나무가 모두 몇 그루 있어야 할까?

삼각형, 사각형 같은 다각형은 선분으로 둘러싸여 있지만, 원은 곡선으로 되어 있다. 그렇다면 이번에는 성냥개비 대신 부드러운 끈을 사용하자. 끈으로 원을 나타낸 다음, 5m마다 나무 심을 자리를 점으로 표시한다. 45는 5의 9배이므로, 9개의 점을 찍을 수 있다. 그리고 나서 점이 찍혀 있는 곳을 가위로 잘라 보자. 잘려진 선 하나에 나무 한 그루를 심는다고 생각하면, 간격의 수(9개)와 나무의 수(9개)가 똑같다.

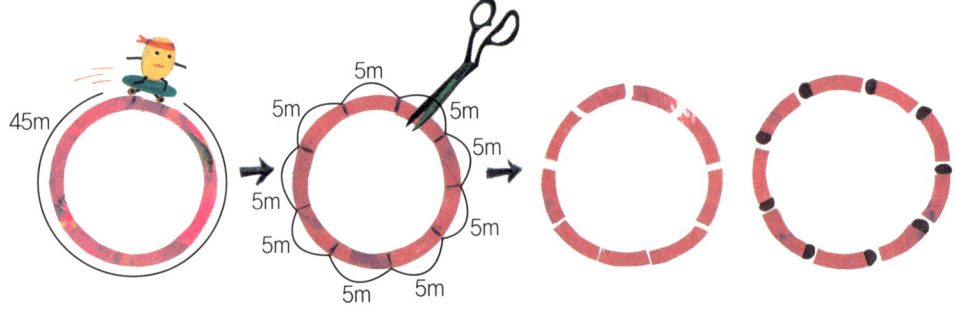

따라서 원 모양의 운동장 둘레에 나무를 심는 경우에도 삼각형 모양일 때와 마찬가지로 둘레를 간격으로 나누어서 간격의 수를 구하기만 하면 된다.

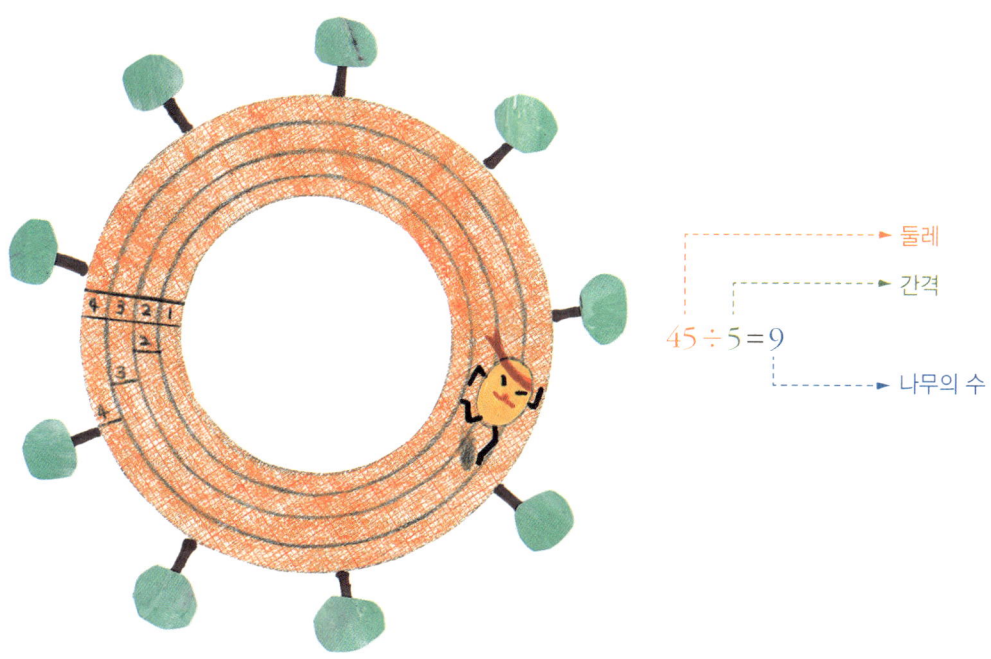

이 문제에는 닫힌 도형의 의미가 담겨 있다. 도로에 나무 심기 문제와 달리 삼각형이나 원 모양의 땅에 나무 심는 문제에는 양 끝에 나무를 심어야 한다는 조건이 들어 있지 않다. 그 이유는 삼각형이나 원이 닫혀 있는 도형이기 때문이다.

이렇게 언뜻 생각했을 때 나눗셈이나 혼합계산 문제처럼 보이던 나무 심기 문제가, 사실은 도형 개념이 들어 있는 문제라는 사실을 알 수 있다.

도형 문제를 계산으로 풀기

다음 도형에 관한 문제를 풀어 보자.

> 원 위에 10개의 점이 있다. 서로 다른 두 점을 이어 만들 수 있는 선분의 개수는 모두 몇 개일까?

처음 한 점에서 그릴 수 있는 선분의 수는 9개이고, 그 다음 점에서는 8개를 그릴 수 있다. 이때 처음 그린 선분과 겹치는 부분은 빼 주어야 하므로 1개가 줄어든다. 또 그 다음 점에서 그릴 수 있는 선분의 개수는 7개이다. 이런 식으로, 다음 점에서 새로 그릴 수 있는 선분은 앞의 점에서 만든 것보다 1개씩 줄어든다.

따라서 이 문제는 9+8+7+6+5+4+3+2+1을 계산하는 것과 같다.

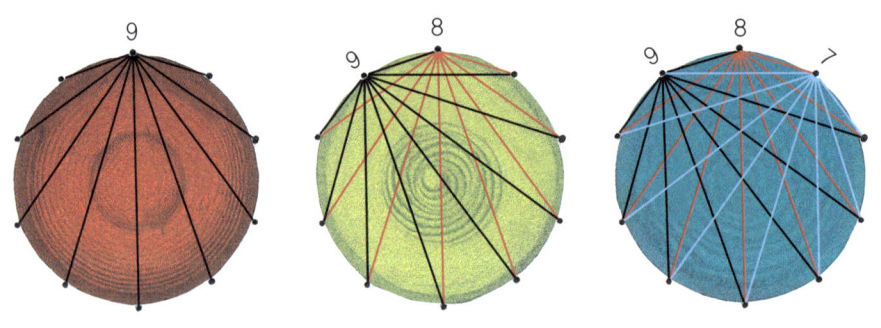

9+8+7+6+5+4+3+2+1=45

이처럼 도형 문제도 계산으로 풀어야 할 때가 있다. 도형과 계산은 서로 연결되어 있음을 꼭 기억하자.

창의 융합 사고력

핀이 몇 개 더 필요할까?

재성이는 면직물로 주머니를 만들려고 한다. 다음 그림과 같은 과정을 하려고 하는데, 가지고 있는 핀이 2개밖에 없다. 그래서 먼저 양 끝에서 2cm 되는 지점에 2개의 핀을 꽂고, 나머지 핀은 짝에게 빌리려고 한다. 핀시침을 2cm 간격으로 하려면 핀이 몇 개 더 필요한지 구해 보자.

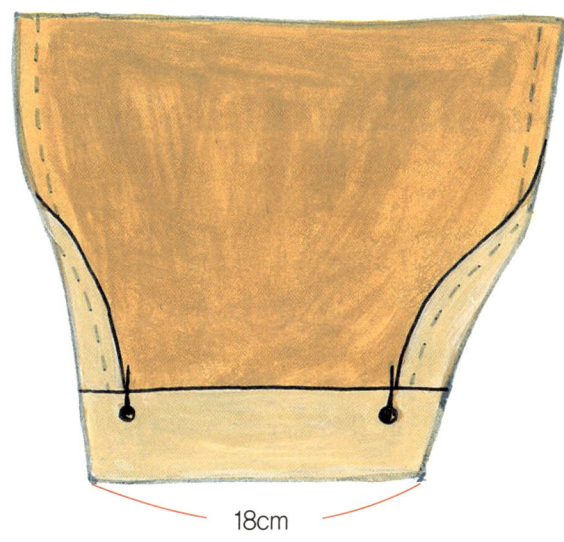

18cm

역사 속 수학

도형과 수를 연결한 데카르트

프랑스의 철학자이며 수학자인 데카르트(Descartes, 1596~1650)의 위대한 업적은 '도형과 수를 연결'한 것이다. 데카르트 이전까지 수는 수이고, 도형은 도형이었다. 그러나 데카르트는 좌표 개념을 이용해서 수를 직선 위의 점으로 나타냈다. 도형과 수가 서로 만나게 된 것이다.

데카르트는 어떻게 이런 발견을 할 수 있었을까? 데카르트는 어려서부터 몸이 허약해서 침대에 누워 골똘히 생각하는 것을 즐겼다고 한다. 하루는 침대에 누워서 이런저런 생각을 하다가 천장에 붙어 있는 파리 한 마리를 보았다. 무심코 파리를 보던 데카르트는 '저 파리가 천장 어디에 있는지 간단하게 나타낼 수는 없을까?' 하는 생각을 하게 되었다. 마침 천장의 무늬가 바둑판이었는데, 이 무늬를 보고 평면에 점의 위치를 나타낼 수 있다는 아이디어가 떠올랐다.

데카르트

데카르트가 좌표를 발명한 이후 1차원 수직선에서는 가운데를 영(0)이라고 하고, 영을 중심으로 양옆에 음수와 양수를 표시했다.

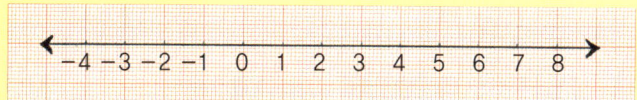

2차원은 서로 수직인 2개의 수직선으로 나타내고, 두 수직선이 만나는 곳을 영(0)이라고 한다. 이때 가로의 수직선을 가로축, 세로의 수직선을 세로축이라고 하며, 가로축과 세로축을 '좌표축'이라고 한다.

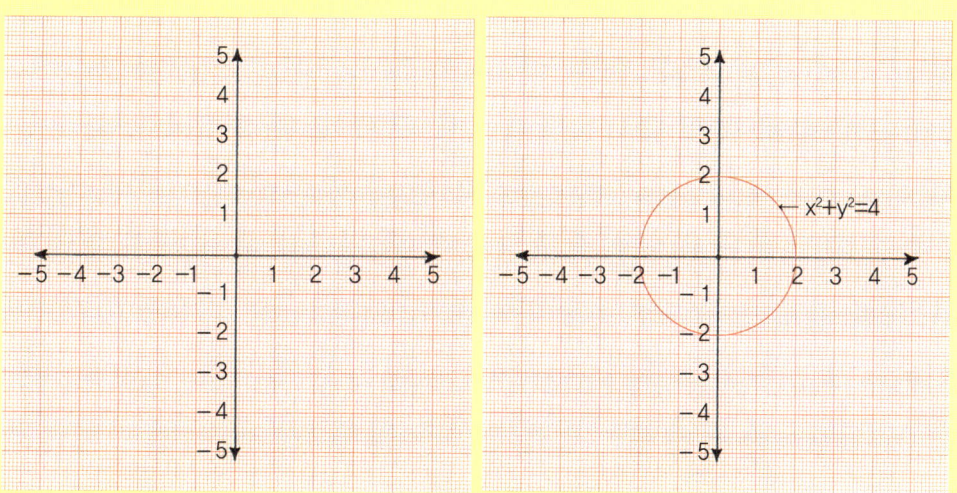

좌표를 사용하면 원이나 직선을 좌표 평면 위에 그릴 수 있고 방정식으로도 나타낼 수 있다. 만약 데카르트가 수를 좌표로 나타낼 생각을 하지 못했거나 그 뒤에도 지금까지 그런 생각을 한 사람이 전혀 나타나지 않았다면, 수와 도형은 서로 연결되지 못했을 것이다.

정답 및 해설

1 면

25쪽 창의 융합 사고력

분류 기준에 따라 여러 가지 의견이 나올 수 있다. 다음은 한 가지 예이다.

- **입체도형을 이루는 평면도형** : ④, ⑥

  절벽에서는 사각형을 찾을 수 있고, 원통에서는 원을 찾을 수 있다.

- **선이 움직인 자리** : ①, ⑤

  ①은 선을 여러 번 그어서 굴곡이 있는 면을 만들었다.

  ⑤는 나무 잎사귀를 표현하기 위해 여러 번 붓칠을 해 면을 만들었다.

- **안과 밖이 하나씩 있는 도형** : ②, ③

  ②의 화살표는 안쪽과 바깥쪽으로 확실히 구분되어 있고, ③의 산 그림에는 삼각형, 사각형이 있는데, 각 도형이 서로 구분된다.

2 선

39쪽 창의 융합 사고력

여러 의견이 있을 수 있다. 다음은 그중 한 가지이다.

- 영빈 의견에 찬성: 수평과 평행은 관계가 없다.

㉠ 평행선은 직선끼리 비교한 것이다. 바닥은 '선'이 아니라 평평한 '면'이고, 수평은 바닥면과 저울대(직선)를 비교한 것이다. 따라서 직선과 직선을 비교한 것이 아니기 때문에, 수평은 평행선과 관계없다.

• 민수 의견에 찬성: 수평과 평행은 관계가 있다.
㉠ 어떤 두 물체가 수평으로 놓여 있지 않다면 저울대는 바닥에 대해 기울어지고, 수평이 되면 저울대와 바닥은 서로 평행하다. 양팔 저울을 정면에서 보았을 때, 저울대를 직선으로 생각하고 바닥도 직선으로 생각하면, 두 직선은 서로 평행이 되며 수평이다. 따라서 수평과 평행선은 관계가 있다.

3 각

53쪽 창의 융합 사고력

㉠ 지구가 도는 모양이 원이기 때문이다.
원의 모양은 둥근데 이것은 '한 바퀴'를 뜻하기도 한다. 지구는 1년 동안 태양 주위를 한 바퀴 돌고, 하루 동안 스스로 한 바퀴를 돈다. 지구가 태양 주위를 한 바퀴 돌 때 걸린 날짜가 1년이고, 지구가 스스로 한 바퀴를 돌 때 걸린 시간이 24시간이다. 따라서 하나의 원 안에 1년 동안의 날짜와 하루 동안의 시간을 모두 적은 것이다.

㉠ 시간은 반복되기 때문이다.

1년도 반복되고, 하루도 반복된다. 날짜와 시간을 직선 위에 한 줄로 그리다 보면 끝이 없을 것이다. 그러나 원 모양으로 그리면 같은 날짜와 시간이 무한히 반복된다는 것을 쉽게 알 수 있다.

4 다각형

69쪽 창의 융합 사고력

수학적인 도구는 자, 컴퍼스, 각도기 등이다.

자: 직선을 그릴 때 사용한다.

컴퍼스: 길이를 옮길 때 사용한다.

각도기: 도형이 얼마나 기울어졌는지 알기 위해 사용한다.

5 삼각형

85쪽 창의 융합 사고력

15m

①과 똑같은 삼각형 2개를 이어 붙인 ②는 정삼각형이다.

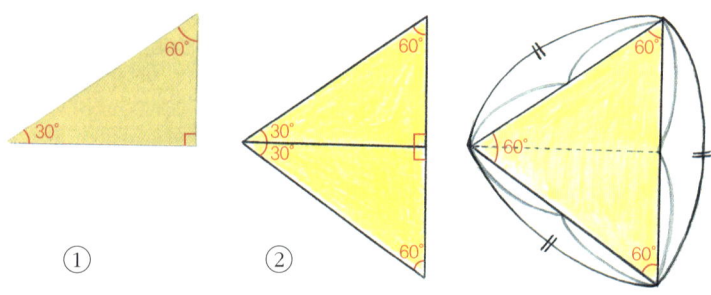

이 그림을 통해 처음의 직각삼각형의 빗변은 이 정삼각형의 한 변이고, 직각삼각형의 높이는 이 정삼각형의 한 변의 $\frac{1}{2}$임을 알 수 있다.

따라서 직각삼각형의 빗변의 길이가 30m일 때 높이는 빗변의 $\frac{1}{2}$인 15m이다.

6 사각형

100쪽 창의 융합 사고력

①과 ②의 도형의 넓이는 다음과 같다.

① $8 \times 8 = 64 (cm^2)$

② $5 \times 13 = 65 (cm^2)$

실제로 ①을 ②처럼 배치해 보면 만나는 부분이 일직선이 되지 않고 꺾인다는 것을 알 수 있다.

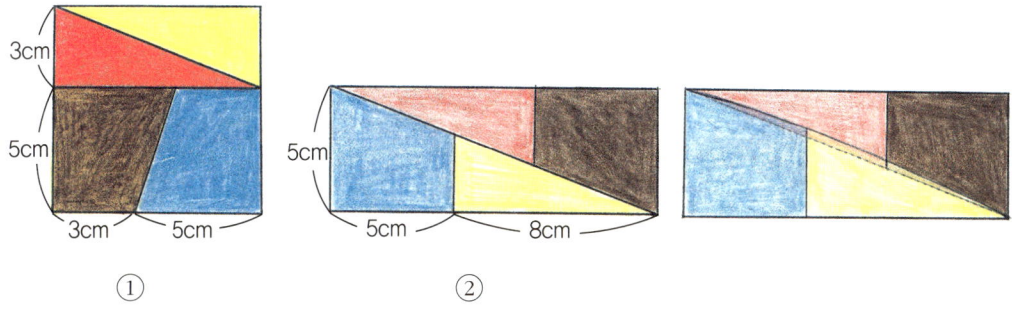

따라서 첫 번째 사각형을 잘라서 두 번째 사각형을 만들 수 없다.

101쪽 톡톡 수학 게임

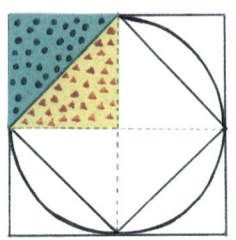

원 안의 작은 정사각형을 45°(반의 반 바퀴) 돌리면 그림과 같이 된다. 그림에서 보듯이 ●표 한 삼각형의 넓이와 ▲표 한 삼각형의 넓이는 같다. 따라서 큰 정사각형의 넓이는 작은 정사각형 넓이의 2배가 된다.

7 다면체

121쪽 창의 융합 사고력

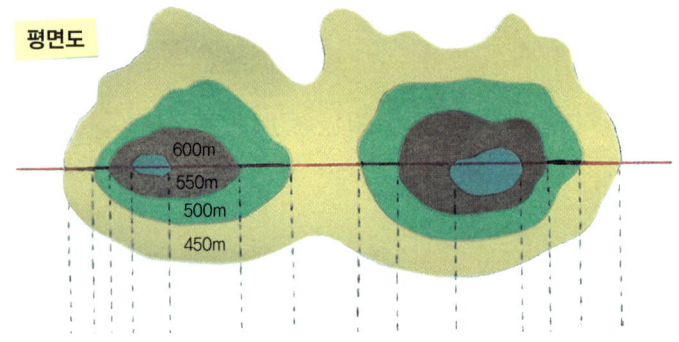

8 원

139쪽 창의 융합 사고력

수막새의 중심을 찾아 복원하는 과정은 다음과 같다.

① 수막새에 2개의 현을 그린다.
② 각 현의 중점을 지나고 이 현에 수직인 직선을 그린다.

③ 이 직선의 교점이 원의 중심이다.
④ 원의 중심과 현의 한 끝을 이은 선이 반지름이므로, 수막새의 나머지 부분을 그린다.

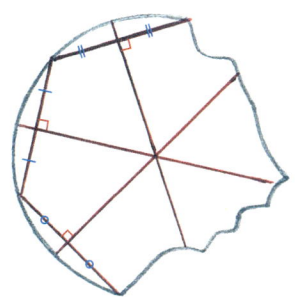

현의 수직이등분선이 중심을 지나므로, 2개의 현의 수직이등분선이 서로 만나는 점이 원의 중심이다.

9 회전체

153쪽 창의 융합 사고력

얼레에 연실을 감는 방법과 물레를 돌려 도자기를 만드는 방법은 서로 비슷하다. 왜냐하면 가운데 회전축을 중심으로 아래에서부터 원 모양들이 쌓여서 만들어진 것이기 때문이다. 다시 말해서 연실과 도자기는 무수히 많은 원이 모인 것이다.

하지만 대나무 원통은 세로로 직선들을 모아서 만든 모양이다. 대나무 원통은 무수히 많은 직선(대나무)들을 옆 방향으로 이어 붙인 것이다.

10 도형과 계산

167쪽 창의 융합 사고력

전체 길이 18cm 중에서 양 끝에서 2cm 간격으로 핀을 꽂았으므로 핀을 더 꽂아야 하는 천의 길이는 14cm이다.

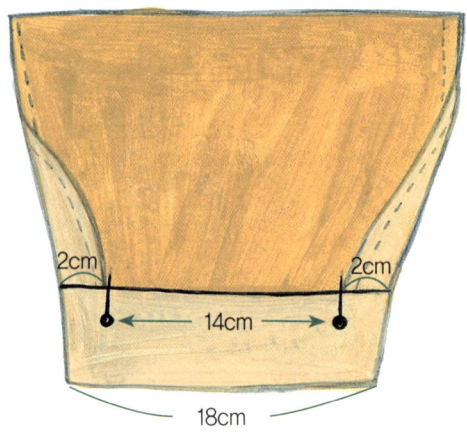

14cm 길이의 천에 2cm 간격으로 핀을 꽂으면 양끝을 포함해서 모두 8개의 핀이 필요하다.

$$14 \div 2 + 1 = 8$$

양 끝에 이미 핀이 꽂혀 있으므로 더 필요한 핀의 수는 8−2=6(개)이다. 그림으로 확인해 보면 다음과 같다.

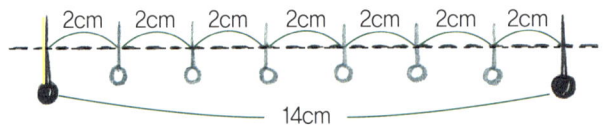

수학 개념 연결 트리

- 초등학교 전 과정에서 배우는 수학의 개념들을 연결시켜 놓은 나무 모양의 표입니다.
- 교과서 속 수학 단원이 학년별 영역별로 어떻게 이어지는지 한눈에 알 수 있습니다.
- 초등학교 수학이 중학교 고등학교 수학으로 어떻게 뻗어 나가는지 확인할 수 있습니다.
- 교과서 속 단원이 《지금 하자! 개념 수학》의 어느 단원에 들어 있는지 찾아볼 수 있습니다.

예습할 때 활용하기

지금 공부하는 내용이 앞으로 어떤 단원과 연결되는지를 확인하고,
미래에 배울 내용의 예습이 된다는 점을 확실히 알 수 있어요.
오늘 배운 단원의 뿌리와 줄기, 가지를 알게 되면 흔들리지 않고 공부할 수 있어요.

복습할 때 활용하기

수학 공부를 하다 보면 앞에서 배운 내용 중에 살짝 놓친 단원이나 개념이 생깁니다.
이런 순간에 대체 어디서부터 다시 공부해야 할지 모르겠다면
수학 개념 연결 트리를 펼쳐 보세요.
지금의 문제와 직접 연결되는 개념을 거슬러 올라가
바로 거기서 다시 시작하면 놓친 개념도 빨리 따라잡을 수 있습니다.

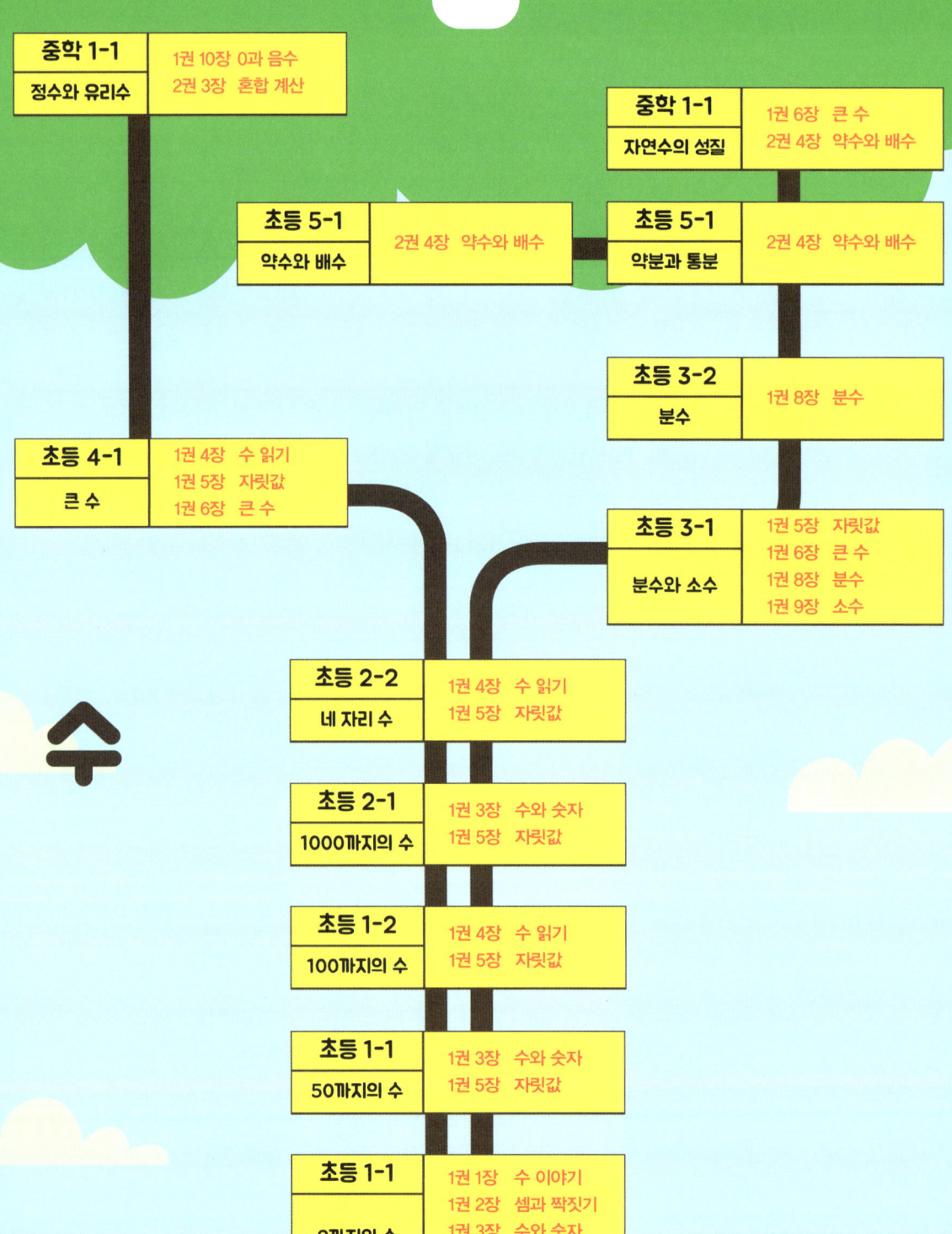

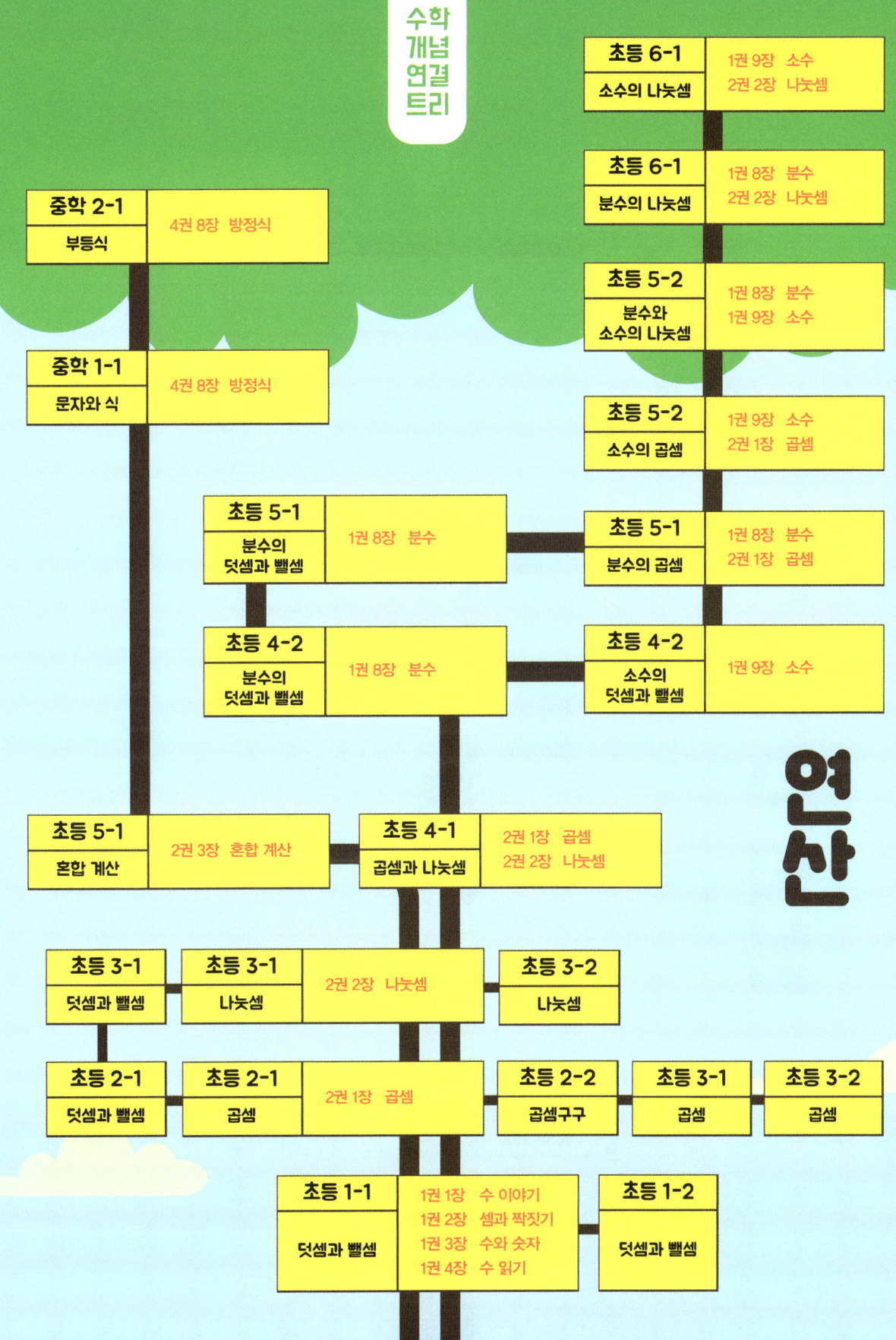

수학 개념 연결 트리

도형

중학 1-2 / 입체도형
- 3권 7장 다면체
- 3권 9장 회전체
- 4권 7장 입체도형의 부피와 겉넓이

초등 6-2 / 원기둥, 원뿔, 구
- 3권 7장 다면체
- 3권 9장 회전체
- 4권 7장 입체도형의 부피와 겉넓이

초등 6-2 / 쌓기나무

초등 6-1 / 각기둥과 각뿔
- 3권 7장 다면체
- 4권 7장 입체도형의 부피와 겉넓이

초등 5-1 / 직육면체
- 3권 2장 선
- 3권 7장 다면체

중학 2-2 / 피타고라스 정리
- 3권 5장 삼각형
- 4권 4장 길이와 거리, 그리고 높이

초등 4-2 / 삼각형
- 3권 5장 삼각형

중학 1-2 / 기본 도형
- 3권 1장 면
- 3권 3장 각
- 3권 5장 삼각형

초등 5-2 / 합동과 대칭
- 4권 1장 도형 움직이기
- 4권 2장 닮음과 합동

초등 4-2 / 다각형과 모양 만들기
- 3권 4장 다각형
- 3권 6장 사각형

초등 4-2 / 여러 가지 사각형
- 3권 2장 선
- 3권 6장 사각형

초등 4-1 / 평면도형의 이동
- 4권 1장 도형 움직이기

초등 3-2 / 원
- 3권 8장 원

초등 3-1 / 평면도형
- 3권 2장 선
- 3권 3장 각
- 3권 5장 삼각형

초등 2-1 / 여러 가지 도형
- 3권 4장 다각형
- 3권 8장 원

초등 1-2 / 여러 가지 모양
- 3권 4장 다각형
- 3권 5장 삼각형
- 3권 6장 사각형
- 3권 8장 원

초등 1-1 / 여러 가지 모양
- 3권 1장 면
- 3권 7장 다면체
- 3권 9장 회전체

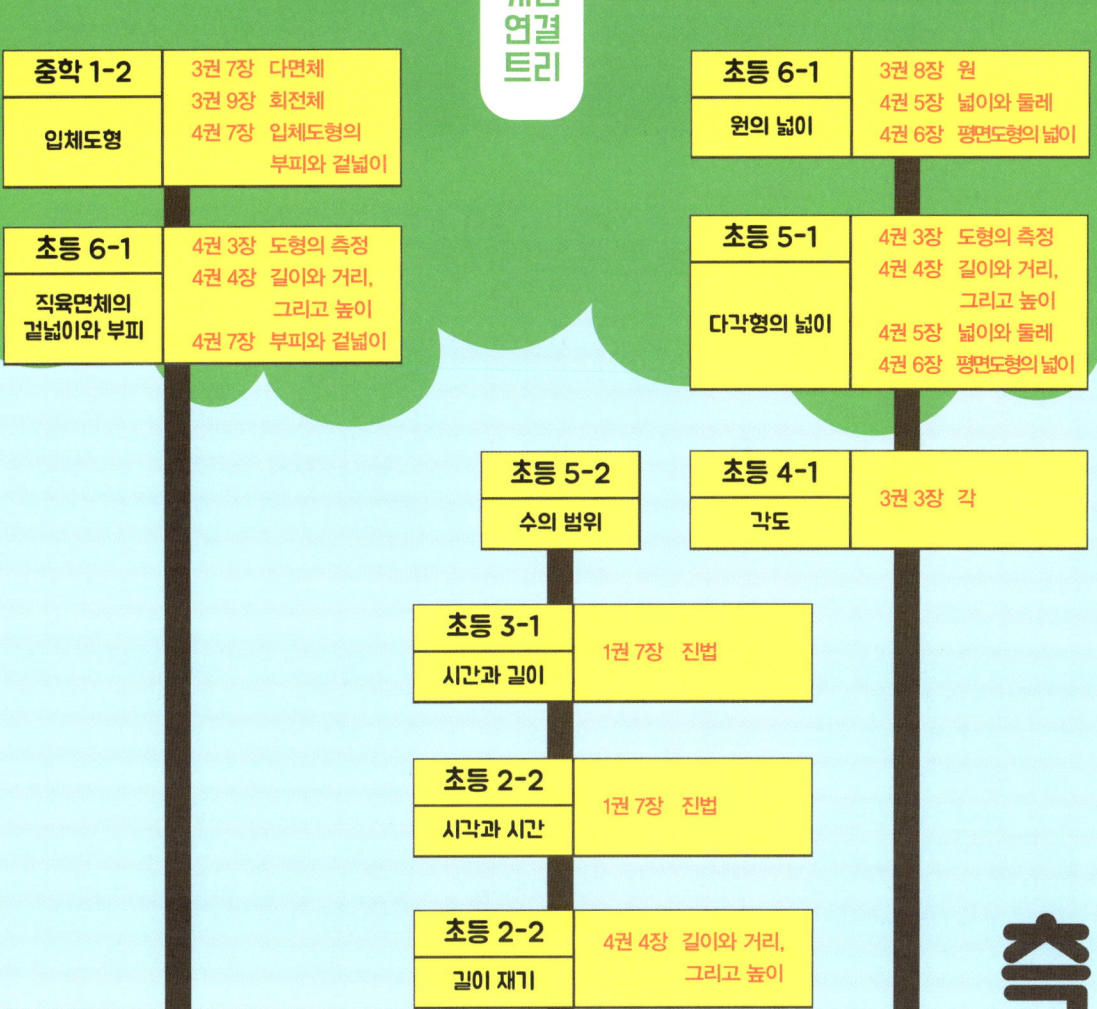

지금 하자! 개념 수학 3 : 도형

초판 1쇄 발행일 2007년 2월 20일
개정판 1쇄 발행일 2016년 11월 21일
개정판 4쇄 발행일 2022년 5월 9일

지은이 강미선
그린이 민은정

발행인 김학원
발행처 휴먼어린이
출판등록 제313-2006-000161호(2006년 7월 31일)
주소 (03991) 서울시 마포구 동교로23길 76(연남동)
전화 02-335-4422 **팩스** 02-334-3427
저자·독자 서비스 humanist@humanistbooks.com
홈페이지 www.humanistbooks.com
유튜브 youtube.com/user/humanistma **포스트** post.naver.com/hmcv
페이스북 facebook.com/hmcv2001 **인스타그램** @human_kids

편집 이영란 박민영 **디자인** 유주현 디자인시
스캔·출력 이희수 com. **용지** 화인페이퍼 **인쇄** 청아 **제본** 민성사

ⓒ 강미선, 2007

ISBN 978-89-6591-325-2 74410
ISBN 978-89-6591-322-1 74410(세트)

- 이 책은 《행복한 수학 초등학교 3》의 개정판입니다.
- 이 책은 저작권법에 따라 보호받는 저작물이므로 무단 전재와 무단 복제를 금합니다.
- 이 책의 전부 또는 일부를 이용하려면 반드시 저작권자와 휴먼어린이 출판사의 동의를 받아야 합니다.
- **사용 연령 8세 이상** 종이에 베이거나 긁히지 않도록 조심하세요. 책 모서리가 날카로우니 던지거나 떨어뜨리지 마세요.